KB173033

라플라스가 들려주는 천체 물리학 이야기

라플라스가 들려주는 천체 물리학 이야기

ⓒ 송은영, 2010

초 판 1쇄 발행일 | 2005년 9월 30일
개정판 1쇄 발행일 | 2010년 9월 1일
개정판 11쇄 발행일 | 2021년 5월 31일

지은이 | 송은영
펴낸이 | 정은영
펴낸곳 | (주)자음과모음

출판등록 | 2001년 11월 28일 제2001-000259호
주   소 | 04047 서울시 마포구 양화로6길 49
전   화 | 편집부 (02)324-2347, 경영지원부 (02)325-6047
팩   스 | 편집부 (02)324-2348, 경영지원부 (02)2648-1311
e-mail | jamoteen@jamobook.com

ISBN 978-89-544-2057-0 (44400)

라플라스가
들려주는

천체 물리학
이야기

| 송은영 지음 |

|주|자음과모음

라플라스를 꿈꾸는
청소년들을 위한 '천체 물리학' 이야기

세상에는 두 부류의 천재가 있다고 합니다. 한 부류는 창의적인 사고가 너무도 기발하고 독창적이어서, 우리와 같은 평범한 사람은 결코 따라갈 수 없는 천재입니다. 그리고 또 한 부류는 우리도 끊임없이 노력만 하면, 그와 같이 될 수 있을 것 같은 천재입니다.

첫 번째 부류의 예로는 아인슈타인이 대표적입니다.

아인슈타인은 말할 것도 없고, 우리도 될 수 있을 것 같은 천재들에게서 남다르게 나타나는 것은 '빛나는 창의적 사고' 입니다. 그리고 빛나는 창의적 사고와 직접적인 연관이 있는 것은 '생각하는 힘' 입니다. 생각하는 힘 없이 풍성한 발전을 기대할 수는 없지요. 인류가 이만큼의 문명을 이룰 수 있었던 것도 다른 동물과는 차별되는 생각하는 힘을 유감없이 발휘했기 때문입니다.

이 책에서는 천체 물리학의 전반적인 흐름에 대해서 설명하고 있습니다. 우선은 천문학과 천체 물리학이 어떻게 다른가를 설명했습니다. 그러면서 천문학이 어떻게 형성되었고, 천체 물리학은 어떻게 탄생하게 되었는지를 이야기하고 있습니다.

천체 물리학의 토대는 아인슈타인의 상대성 이론입니다. 상대성 이론이 나오기 전, 케플러와 뉴턴 그리고 라플라스가 천체 물리학에 어떠한 기여를 했는지 알게 됩니다. 그리고 20세기 들어서 비약적인 발전을 한 천체 물리학에 결정적인 공헌을 한 에딩턴과 찬드라세카르와 오펜하이머의 기여에 대해서도 배우게 됩니다. 마지막으로 바늘과 실 사이인 호킹과 블랙홀을 소개해 놓았습니다.

늘 빚진 마음이 들도록 한결같이 저를 지켜봐 주는 여러분과 이 책이 나오는 소중한 기쁨을 함께 나누고 싶습니다. 책을 예쁘게 만들어 준 (주)자음과모음 편집자들께 감사드립니다.

송 은 영

차례

1 / 첫 번째 수업
천문학과 천체 물리학 ○ 9

2 / 두 번째 수업
천문학의 탄생 ○ 23

3 / 세 번째 수업
천문학에서 천체 물리학으로 ○ 35

4 / 네 번째 수업
라플라스와 천체 물리학 ○ 55

5 / 다섯 번째 수업
아인슈타인과 천체 물리학 ◦ 67

6 / 여섯 번째 수업
에딩턴과 천체 물리학 ◦ 109

7 / 일곱 번째 수업
찬드라세카르, 오펜하이머와 천체 물리학 ◦ 123

8 / 마지막 수업
호킹과 천체 물리학 ◦ 137

부록

과학자 소개 ◦ 148
과학 연대표 ◦ 150
체크, 핵심 내용 ◦ 151
이슈, 현대 과학 ◦ 152
찾아보기 ◦ 154

천문학과 천체 물리학

천문학과 천체 물리학은 어떻게 다를까요?
코끼리와 장님의 우화를 예로 들어 알아봅시다.

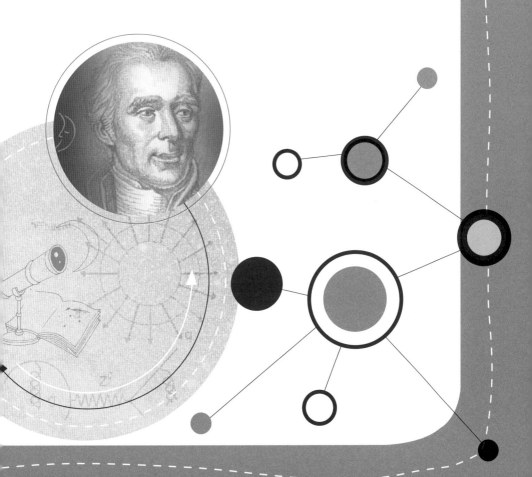

1

첫 번째 수업

천문학과 천체 물리학

교.	초등 과학 5-2	7. 태양의 가족
과.	중등 과학 2	3. 지구와 별
연.	중등 과학 3	7. 태양계의 운동
계.	고등 지학 I	3. 신비한 우주
	고등 지학 II	4. 천체와 우주

라플라스가 천문학과
천체 물리학의 다른 점을 질문하며
첫 번째 수업을 시작했다.

천문학이 먼저

천문학과 천체 물리학은 어떻게 다를까요?

달은 한 달에 한 번 지구 둘레를, 지구는 1년에 한 번 태양 둘레를 공전하지요. 인류는 하늘에서 벌어지는 이러한 운동을 일찍이 알았습니다. 하늘의 이러한 자연 현상을 탐구하는 학문이 천문학입니다. 천문학이 인류의 역사와 함께해 왔고, 그 역사가 길 수밖에 없는 이유입니다.

그럼 천체 물리학은 어떨까요? 천체 물리학은 하늘을 관찰

하는 것에 그치지 않습니다. 천문 현상에 물리학적 지식을 응용해 그 속에 담긴 원리를 속속들이 파헤치는 학문입니다. 이렇게 의문을 품으면서 말이지요.

달은 왜 한 달에 한 번 지구 둘레를 공전하는 걸까?
지구는 어떻게 태양 둘레를 1년에 한 바퀴 회전하는 걸까?

그러니까 쉽게 말해서 '왜'와 '어떻게'라는 의문을 천문 현상에 달아서 하늘의 신비를 파헤치는 학문이 바로 천체 물리학입니다.

물리학은 갈릴레이 시대에도 제대로 정착되지 못했습니다.

수학의 한 분파일 뿐이었지요. 그러다가 뉴턴 시대에 이르러서 하나의 독립된 학문으로 당당하게 자리하게 되었답니다. 이것이 천체 물리학의 역사가 천문학보다 짧은 이유입니다.

천체 물리학의 탄생

과학이 발전하면서 발견은 더욱 풍부해지고, 이론은 나날이 풍성해졌지요. 그러면서 점점 전문화, 세분화, 고도화되어 갔습니다. 천문학도 예외는 아니었지요. 밑바탕이 그만큼 탄탄해졌으니까요.

그러다 보니 천문 현상을 근본적으로 파헤쳐 보고 싶어 하는 욕심이 자연스레 생겼습니다. 즉, 북반구엔 어떤 별자리가 뜨고, 계절마다 어떤 별자리를 볼 수 있는지를 아는 단계를 넘어서려는 꿈을 꾸게 된 것입니다.

별은 왜 빛날까?

북극성은 얼마나 멀리 떨어져 있는 걸까?

이런 바람을 안고서 천문학과 물리학을 혼합해서 새롭게 등장한 학문이 바로 천체 물리학입니다.

새로운 학문의 이러한 탄생 과정은 비단 천문학과 천체 물

리학 사이에서만 일어난 것은 아닙니다. 물리학은 모든 과학에 지대한 영향을 끼쳤지요. 의학과 지구 과학에서는 의학 물리학과 지구 물리학, 생물학과 화학에서는 물리학의 양자론 지식을 접목한 양자 생물학과 양자 화학을 탄생시켰답니다.

옛날에는 한 명의 과학자가 물리학도 연구하고, 수학도 계산하고, 천문학도 공부하고, 생물학도 가르치고, 화학도 실험하고, 지구 과학도 탐구했습니다. 알려진 자연 현상의 비밀이 그다지 많지 않았던 데다 그 내용도 깊이 있는 것이 아니었기에 가능할 수 있었던 일입니다.

하지만 20세기에 들어와서 상황은 완전히 바뀌었습니다. 세기의 천재라고 하는 아인슈타인조차 여러 분야를 한꺼번

에 접근할 수 없는 과학적 환경으로 변해 버린 것입니다.

과학은 이제 한두 명이 여러 분야를 접근하고 다루기엔 훌쩍 커 버렸습니다. 그래서 요즘에는 같은 학문을 하는 과학자들 사이에서도 상대방이 연구하는 내용을 이해하기 어려운 상황에까지 이르렀답니다. 예를 들어서, 물리학자들끼리도 반도체 소재를 연구하는 고체 물리학자와 소립자를 탐구하는 입자 물리학자들 사이에 원활한 의사 소통이 불가능해져 버렸을 정도랍니다.

이러한 과학적 연구 분위기는 당연히 천문학에도 나타났지요. 하늘을 탐구하는 또 하나의 큰 축으로서 천체 물리학이 탄생한 것은 과학 발전이 가져온 필연적인 과정이었던 겁니다.

코끼리와 장님의 우화

천문학과 천체 물리학을 비교할 때 종종 이용하는 것이 코끼리와 장님의 우화입니다.

1마리의 코끼리와 3명의 장님이 있습니다. 장님들은 자신들 앞에 고목처럼 우뚝 서 있는 것이 코끼리라는 사실을 전혀 알지 못합니다. 볼 수 없으니 당연하겠지요. 그들은 손을 사용해서 눈앞의 물체를 식별하려고 합니다.

첫 번째 장님이 코끼리 앞으로 다가갔습니다. 그러고는 코끼리의 코를 살짝 더듬어 보고는 흠칫 놀라며 말했습니다.

"비단뱀이군요."

굵고 기다랗고 잘 구부러진다는 사실 때문에 그가 이런 결론을 내리게 된 것이었습니다.

두 번째 장님은 앉은뱅이였습니다. 그는 코끼리의 다리를 툭툭 만져 보았습니다. 그러고는 이렇게 대답했습니다.

"나무가 서 있군요."

묵직하다는 촉감이 그가 이런 판단을 내리게 한 것이었습니다.

세 번째 장님은 코끼리의 뒤쪽으로 걸어갔습니다. 그러고는 코끼리의 꼬리를 쓰다듬어 보고는 이렇게 표현했습니다.

"부드러운 빗자루로군요."

부슬부슬한 느낌 때문에 그가 이렇게 판단한 것이었습니다.

3명의 장님은 이렇듯 제각각 다른 대답을 했습니다. 그들이 만진 것이 코끼리라는 걸 올바르게 간파한 사람은 단 1명도 없었습니다.

이런 어처구니없는 결과가 왜 나온 걸까요? 그건 전체를 보지 못하고 한 부분만 편중해서 조사했기 때문입니다. 이들이 코끼리 몸통 전체를 섬세하게 더듬어 가면서 고민했다면, 코끼리라는 답은 아니더라도 적어도 이처럼 엉뚱한 답을 내놓지는 않았을 겁니다.

천문학은 이 우화 속의 장님 한 사람 한 사람에 비유할 수가 있습니다. 반면, 천체 물리학은 장님 한 사람 한 사람이 얻어 낸 자료를 종합적으로 검토하고 분석한 후에 최종적인

결론을 논리적으로 내리려는 사람에 비유할 수가 있습니다. 그러니까 천문학은 천체를 발견하는 것이고, 천체 물리학은 천체와 우주에 비밀스레 숨어 있는 자연 현상의 근본적인 원인을 캐묻는 분야인 것입니다.

천문 현상 탐구 초창기에는 당연히 천문학의 위상이 천체 물리학을 압도했습니다. 그러나 오늘날 그 위상은 역전되어 버렸습니다. 천문학이 따라올 수 없을 만큼, 천체 물리학의 기세가 한층 높아져 버린 상황입니다. 이러한 추세는 앞으로 더더욱 가속화될 것입니다. 조만간 천문학은 천체 물리학의 틀 속으로 자연스레 포함될 것입니다.

천문학은 장님 한 사람 한 사람에 비유할 수가 있고, 천체 물리학은 장님 한 사람 한 사람이 얻어 낸 자료를 종합적으로 검토하고 분석한 후에 최종적인 결론을 논리적으로 내리려는 사람에 비유할 수가 있지요.

라플라스 선생님, 천문학과 천체 물리학은 어떻게 다르죠? 결국 같은 것 아닌가요?

음, 과연 그럴까요? 이해하기 쉽게 예를 들어 보죠. 자, 눈을 감고 만져지는 것이 무엇인지 말해 보도록 해요.

자, 뭘까요?

히이익~, 배… 뱀이잖아요!

하하하, 뱀은 아니니 걱정 말아요 겁먹지 말고 이번엔 이것을 한번 만져 봐요.

흠, 이건 나무잖아요, 나무!

자, 안대를 벗고 한번 확인해 봐요.

앗, 이건 코끼리잖아요.

코끼리를 뱀이나 나무라 생각한 건 전체를 보지 못했기 때문이죠. 즉 천문학은 보이는 그대로를 받아들이는 반면, 천체 물리학은 자료를 종합적으로 검토·분석한 후 결론 내리는 학문이라고 할 수 있어요.

천문학

천체 물리학

그러니까 천문학은 천체를 발견하는 것이고, 천체 물리학은 천체와 우주에 비밀스레 숨어 있는 자연 현상의 근본적인 원인을 캐묻는 분야인 것이죠.

아아~!

새로운 별이다!

뭔가 원리가 있을 텐데.

2

천문학의 탄생

천문학은 언제, 어떻게 탄생했을까요?
점성술과 천문학은 어떤 관련이 있는지 알아봅시다.

2

두 번째 수업

천문학의 탄생

교.   초등 과학 5-2   7. 태양의 가족
과.   중등 과학 2   3. 지구와 별
연.   중등 과학 3   7. 태양계의 운동
계.   고등 과학 1   5. 지구
        고등 지학 Ⅰ   3. 신비한 우주
        고등 지학 Ⅱ   4. 천체와 우주

라플라스가 천문학에 대해 소개하며
두 번째 수업을 시작했다.

길 안내자, 하늘

천문학은 하늘의 천체를 관찰하는 학문입니다. 인류가 지구에 모습을 드러낸 그 순간에도 하늘에는 천체가 떠 있었습니다. 그리고 그들은 그것을 바라보았습니다. 하지만 그렇다고 해서 그때부터 천문학이 시작되었다고 보진 않습니다. 그들이 천체는 보았지만, 과학적으로 관찰하진 않았기 때문입니다.

그렇다면 하늘의 천체를 무심히 보지 않고, 과학적으로 꼼

천체를 과학적으로 꼼꼼히 살피기 시작한 건 고대 메소포타미아와 이집트 시대부터입니다.

꼼히 살피기 시작한 건 언제부터일까요? 그건 고대 메소포타 미아와 이집트 시대부터라고 볼 수 있습니다. 이들이 천문학 탄생의 주역인 셈이지요.

감나무에 어느 순간 갑자기 감이 주렁주렁 달릴 수 없듯이, 세상사에는 다 원인이 있고 결과가 있습니다. 고대 메소포타 미아와 이집트에서 천체를 과학적으로 꼼꼼히 살핀 데에는 그럴 만한 충분한 이유가 있었을 거란 뜻입니다. 이에 대한 답을 찾으려면 메소포타미아와 이집트가 어떤 지역인가를 살펴보아야 합니다. 그곳은 모래 바람만 뿌옇게 흩날리는 황 량한 사막 지역입니다.

그 옛날, 사막 지역에 시원하게 뚫린 길이 나 있었을 리가 없었겠지요. 그리고 길 안내를 해 줄 명확한 표지판이 세워

지 있었을 리도 없고요. 그런 곳에서 길을 안내해 줄 수 있는 게 무엇이겠습니까? 땅에서는 마땅한 도우미를 찾을 수가 없으니, 딴 곳으로 시선을 돌려야 했을 겁니다. 그렇다고 바다가 도와줄 수 있는 처지도 아니에요. 물 한 방울 구하기 어려운 사막에서 바다를 찾는다는 건, 불가능한 일일 테니까요.

그러니 어쩌겠어요. 땅도 아니고 바다도 아니니, 남은 곳이라곤 고개를 들어서 바라볼 수 있는 곳밖에 더 있겠습니까. 그래요, 믿을 곳이라곤 하늘밖에 없었습니다. 바로 이런 점이 메소포타미아와 이집트에서 천문학이 최초로 탄생할 수 있었던 이유입니다.

옛사람의 천문 관측

고대 메소포타미아와 이집트에서는 별뿐만 아니라 수성, 금성, 화성, 목성, 토성도 열정적으로 관찰했습니다. 그러면서 천문 현상의 신비에 한 걸음 한 걸음 다가섰지요. 그들이 주목한 대표적인 천문 현상은 다음과 같은 것들이었습니다.

별자리는 계절마다 다르다.

천체는 늘 똑같은 곳에 머물러 있지 않다.

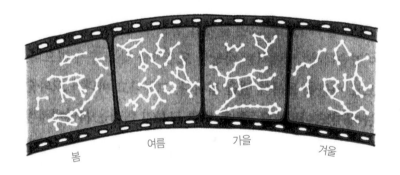

봄   여름   가을   겨울

그들은 천문 관측 결과를 꼼꼼히 기록했습니다. 별과 태양, 수성, 금성, 화성, 목성, 토성의 위치를 상세히 기록하여 남긴 것입니다. 그러면서 중요한 사실 하나를 깨닫게 되었습니다.

태양은 일정한 하늘 길을 따라서 움직인다.

즉, 태양이 아무 데로나 막 이동하는 것이 아니란 걸 알아낸 것입니다. 태양이 이동하는 하늘 길을 황도라고 하지요. 물론 실제로 태양이 움직이는 건 아닙니다. 지구가 하루에 1바퀴씩 자전하고 1년에 1바퀴씩 공전하는 까닭에, 태양이 움직이는 것처럼 보일 뿐이지요.

그들은 황도를 무척이나 신성시했습니다. 그들은 황도를 12간격으로 나누었지요. 1년은 12달이니까, 1달에 황도 하나씩을 연결한 것입니다. 그러고는 황도 하나하나에 별자리 하나씩을 붙여 주었습니다. 이것이 바로 황도 12궁이랍니다.

태양은 1달에 1궁씩, 각각의 달에 해당하는 별자리를 지난

1월	궁수자리
2월	염소자리
3월	물병자리
4월	물고기자리
5월	양자리
6월	황소자리
7월	쌍둥이자리
8월	게자리
9월	사자자리
10월	처녀자리
11월	천칭자리
12월	전갈자리

> 황도 12궁과 각 달에 해당하는 별자리는 다음과 같습니다.

답니다.

그들은 그 후로도 천문 현상 탐구를 계속 이어 갔고, 날이 갈수록 풍성한 결과를 얻어 냈습니다. 그리고 마침내 태양이 하루 동안에 움직이는 각도와 태양이 1바퀴 도는 데 걸리는 시간을 밝혀냈습니다.

태양은 황도를 따라서 서에서 동으로 하루에 1°씩 이동하고, 1바퀴 공전하는 데는 1년이 걸린다.

점성술과 천문학

천문 현상에 대한 지식이 시나브로 쌓여 가자, 옛사람들은 다음과 같은 생각을 하기에 이르렀습니다.

'태양과 달, 그리고 수성, 금성, 화성, 목성, 토성의 움직임이 지구에 영향을 주는 건 아닐까?'

이러한 의문은 이내 다음과 같은 상상으로 이어졌습니다.

'지구에 낮과 밤이 나타나고, 계절이 생기고, 동식물이 자라는 건 태양과 깊은 관련이 있을 것이다. 달과 수성, 금성, 화성, 목성, 토성과 별자리의 움직임이 지구의 운명과 밀접

하게 연관돼 있는 건 아닐까?'

그들은 태양, 별, 행성, 달의 움직임이 개인과 국가의 흥망 성쇠와 깊은 연관이 있다고 본 것입니다. 여기서 탄생한 것이 별자리와 천체의 움직임으로 개인과 국가의 운명을 예측하는 점성술이지요.

현대에는 점성술을 과학과는 거리가 먼 미신이라고 생각합니다. 그러나 점성술이 처음부터 그런 건 아니었답니다. 별과 천체를 연구하면서 자연스럽게 생긴 결과물이 점성술이었던 것이지요. 점성술은 천문학을 발전시키는 데 지대한 공헌을 하였답니다.

와, 저 별들 너무 아름답네요. 그런데 선생님, 왜 사람들은 별들을 연구하려고 했을까요?

그건 어떻게 천문학이 탄생되었는가를 묻는 질문이군요.

인류는 메소포타미아와 이집트 시대부터 하늘의 천체를 과학적으로 살피기 시작했지요.

메소포타미아와 이집트요? 다른 문명도 있었을 텐데, 왜 그랬을까요?

메소포타미아 문명

이집트 문명

인도 문명

중국 문명

메소포타미아와 이집트가 황량한 사막 지역이었기 때문이죠. 사막에 길이 나 있었을 리 없고, 길을 안내해 줄 표지판도 없었겠죠?

정말 길 찾기가 막막했겠어요.

여기가 어디지? ??

땅도 아니고 바다도 아닌 그런 곳에서는 고개를 들어서 하늘을 바라보는 수밖에 더 있겠습니까?

아, 별이군요! 별들을 보고 길을 찾은 거로군요.

맞아요. 바로 그런 점이 메소포타미아와 이집트에서 천문학이 최초로 탄생한 이유인 것이죠.

그렇게 따지면 천문학의 역사는 굉장히 오래된 것이네요.

그렇지요. 그 후에도 사람들은 천문 현상을 계속 탐구했고 그런 지식들이 모여 오늘날에 이르게 된 것입니다.

천문학은 인간의 역사와 함께 계속 발전했군요.

3

천문학에서
천체 물리학으로

천체 물리학이 도약할 수 있는 기틀을 마련한 과학자들인
브라헤와 케플러, 그리고 뉴턴을 만나 봅시다.

3

천문학에서
천체 물리학으로

교.	초등 과학 5-2	7. 태양의 가족
과.	중등 과학 1	7. 힘과 운동
연.	중등 과학 2	3. 지구와 별
계.	중등 과학 3	7. 태양계의 운동
	고등 물리 II	1. 운동과 에너지
	고등 지학 I	3. 신비한 우주
	고등 지학 II	4. 천체와 우주

라플라스가
이번 수업 주제를 이야기하며
세 번째 수업을 시작했다.

천문 관측의 달인 브라헤

이번 수업에선 천문학이 천체 물리학으로 넘어가는 데 중요한 구실을 한 과학자에 대해서 알아보겠습니다.

브라헤(Tycho Brahe, 1546~1601)는 귀족의 아들로 태어났습니다. 그는 왕의 적극적인 후원을 받으며 천문 연구를 했습니다. 천문대를 세우고 수십여 년간 천문 관측을 했지요. 그런데 놀랍게도 천체 망원경을 사용하지 않고도 정밀하게 천체를 관측해 냈습니다. 이것이 브라헤를 '천문 관측의 달

인'이라고 부르는 이유입니다.

　브라헤는 천체를 관측하고 그에 관련된 방대한 자료를 남겼지요. 그것들 모두가 천문학 발전에 크나큰 기여를 했는데, 그 가운데 신성과 혜성의 발견이 있습니다.

　브라헤는 카시오페이아자리쯤에 시선을 집중하고 있었습니다. 유난히 밝게 빛나는 별을 목격한 것입니다.

　"하루나 이틀 후면 다시 어두워지겠지."

　브라헤는 이렇게 짐작했습니다. 그러나 일주일이 가고, 한달이 지나도 별의 밝기는 변하지 않았습니다. 오히려 처음보다 더 밝아지기도 했지요. 그러면서 별은 색깔까지 바꾸었습

니다. 흰색에서 노란색으로, 노란색에서 붉은색으로 바꾼 것
이었습니다. 브라헤는 그 별을 새롭게 나타난 별이라는 뜻으
로 신성이라고 불렀습니다.

그리고 혜성에 대해서는 이런 사실을 알아냈지요.

혜성의 궤도는 원이 아닌 타원이다.

브라헤가 신성과 혜성을 관측하고서 얻은 결과는 특별히
주목할 만한 가치가 있는 발견이랍니다. 고대 그리스의 대학
자 아리스토텔레스(Aristoteles, B.C.384~B.C.322)는 이렇게
말했지요.

달보다 높이 떠 있는 천체는 절대로 변하지 않는다.

신성은 분명히 달보다 높이 떠 있는 천체입니다. 아리스토
텔레스의 말대로라면, 신성은 절대로 변해서는 안 되지요.
그런데 그랬나요? 아니죠. 신성은 크기도 변하고, 색깔도 변
했습니다. 아리스토텔레스의 말이 틀린 겁니다.
또한 아리스토텔레스는 이렇게 주장했습니다.

천체는 고귀해서 반드시 원 궤도를 따라서 움직인다.

혜성도 하늘에 떠 있는 천체이니 아리스토텔레스의 주장대
로라면 혜성은 원 궤도를 돌아야 합니다. 그런데 그랬나요?
아니지요. 브라헤가 발견한 혜성은 타원 궤도를 그리면서 운

동을 했지요. 이 또한 아리스토텔레스가 틀린 겁니다.

그러나 아리스토텔레스의 말은 감히 누구도 거역할 수 없었습니다. 그의 말 한 마디 한 마디는 진리 그 자체나 마찬가지라고 믿었으니까요. 그런데 그런 믿음이 브라헤의 발견으로 무너져 버린 겁니다. 이는 브라헤가 최고의 천문학자로 칭송받는 이유입니다.

케플러와 뉴턴의 등장

브라헤는 훌륭한 업적을 많이 남겼습니다. 그러나 그것을 천체 물리학 분야의 발견이라고 볼 수는 없습니다. 천체 물리학의 발견이라면, 천문 현상을 관측하는 데 머물지 않고 그 내부에 포함된 기본 원리를 파악해 내야 합니다. '신성의 크기와 밝기가 왜 변할까', '혜성은 왜 타원 궤도로 도는 걸까'라는 의문을 품고 그에 대한 명쾌한 답을 내려야 하는 것이지요.

그러나 브라헤의 업적은 이와 다소 거리가 멀었습니다. '왜'와 '어떻게'라는 의문의 꼬리표가 붙지 않은 천문 현상의 관측에만 한정되었던 것입니다.

브라헤의 업적에 한 걸음 더 나아가 '왜'와 '어떻게'라는 의문 대명사를 붙여 가며 천문 현상 관측의 업적을 남긴 과학자가 바로 천체 물리학의 문을 연 것일 테죠. 그런 대표적인 두 과학자가 케플러와 뉴턴입니다.

케플러(Johannes Kepler, 1571~1630)는 1571년 독일에서 태어났습니다. 케플러의 어린 시절은 불우했습니다. 아버지와 어머니는 정성스러운 손길로 자식을 키우는 부모와는 거리가 먼 괴팍한 사람들이었습니다. 거기에다 케플러는 유년 시절부터 온갖 질병을 앓았습니다. 소화 불량은 일상적인 일이었고, 손이 마비되거나 피부에 부스럼이 생기는 등 셀 수 없이 많은 병으로 고통을 겪었습니다.

이렇듯 어릴 때부터 고통을 받으며 자란 케플러는 스스로를 부정적으로 생각했습니다. 나는 부모 덕도 없고, 성격도 좋지 않다는 등의 부정적인 평가를 자기 스스로에게 내린 것이지요.

하지만 케플러는 우수한 두뇌를 갖고 있었습니다. 대학에서 우주론 강의를 들으면서, 교회가 지지하는 지구가 중심인 우주가 아니라 태양이 중심인 우주에 흠뻑 빠져들었습니다.

이때부터 케플러의 인생이 바뀌기 시작했습니다. 그는 목사가 되려던 꿈을 접고 우주에 대한 연구에 매진하기로 결심했습니다. 그러면서 우주에 대해 자신이 갖고 있던 생각을 정리해서 명망 있는 여러 과학자들에게 보냈습니다.

브라헤도 그 책을 읽은 한 명이었지요. 케플러의 재능을 바로 간파한 브라헤는 자신의 조수로 일해 줄 것을 제의했습니

다. 케플러에게 이 제안은 대단한 영광이었습니다. 천문 관측
의 대가와 함께 연구할 수 있는 기회를 케플러는 마다할 이유
가 없었습니다. 이렇게 해서 브라헤와 케플러의 스승과 제자
라는 만남이 이루어지게 되었습니다.

브라헤와 케플러는 연구 성향이 판이하게 달랐습니다. 브
라헤는 이론을 극도로 싫어한 반면, 관측은 무척이나 좋아했
지요. 케플러는 관측에는 그다지 관심이 없었으나, 천문 현
상을 이론적으로 설명하는 데는 굉장한 매력을 느꼈지요.

브라헤와 케플러는 서로의 모자라는 점을 보완해 줄 수 있
는 환상적인 연구팀이었지요. 브라헤는 실험적인 면을 케플

브라헤와 케플러는 환상적인 연구팀
이었지만, 그것이 최상으로 이어지진
않았다는 게 아쉬워요.

러에게 조언해 주고, 케플러는 이론적인 면을 브라헤에게 조
언해 주는 식으로 말이지요. 하지만 그런 환상적 어우러짐이
최상의 결과로 이어지진 않았답니다. 일방적으로 한쪽만 고
집하는 스승과 제자 사이의 견해차가 의외로 컸기 때문이었
습니다.

그러던 중 브라헤가 세상을 떠났습니다. 브라헤는 눈을 감
으면서 케플러에게 당부했습니다.

"내 평생의 연구가 헛되지 않도록 열심히 노력해 주게나."

케플러는 브라헤의 유언을 성실하게 따랐습니다. 케플러는
스승이 남긴 방대한 자료를 면밀히 분석해서 태양계의 행성
운동을 예측할 수 있는 법칙을 발견했지요. 이것이 케플러가

발표한 행성 운동에 관한 3가지 법칙입니다.

뉴턴(Isaac Newton, 1642~1727)은 1642년에 태어났습니다. 이해는 갈릴레이가 사망한 해이기도 했습니다. 갈릴레이라는 천재 물리학자의 떠남이 아쉬웠던지 또 한 명의 천재 물리학자가 영국에서 태어난 것입니다.

뉴턴의 어린 시절은 그다지 평온하지 않았습니다. 아버지는 그가 태어나기 전에 돌아가셨고, 어머니는 그가 세 살이 될 무렵 목사와 재혼했습니다. 그래서 뉴턴은 부모의 따뜻한 보살핌 속에서 자라지 못했는데, 학자들은 뉴턴이 어른이 되어서 종종 드러낸 미친 듯한 분노의 원인이 어린 시절의 불우한 환경 때문일 것이라고 생각했습니다.

뉴턴의 친지와 주변 사람들은 그가 평범한 농부가 되길 바랐습니다. 그러나 자연 현상에 남다른 호기심을 가졌던 뉴턴은 주변의 기대를 저버리고 케임브리지 대학교에 들어가 본격적인 과학 수업을 받았습니다. 그 후 자연 현상에 대한 뉴턴의 탐구 열정은 하루가 다르게 커져 갔습니다.

그런데 뜻밖의 사건이 터지고 말았습니다. 장학생으로 뽑혀서 이제는 하고 싶은 연구에 매진할 수 있겠구나 싶었는데 그만 흑사병(페스트)이 돌아서 학교가 문을 닫아야 했던 겁니다. 이해가 1665년이었지요.

뉴턴을 포함한 케임브리지 대학교의 모든 학생들은 학교를 떠나 있어야 했습니다. 뉴턴은 고향 집으로 내려갔습니다. 그러나 그것은 뉴턴에게는 더없는 보약이 되었습니다. 뉴턴이 전염병을 피해 고향 집에서 보낸 기간은 대략 2년여였는데, 이 기간은 뉴턴과 과학계에는 억만금을 주고도 바꿀 수 없는 귀중한 시간이 되었습니다. 뉴턴이 이루어 낸 과학사에 길이 빛나는 수많은 업적의 대부분이 그 시기에 구상되었기 때문입니다. 뉴턴 자신도 훗날 그 시기의 중요성을 이렇게 말했습니다.

"내가 그때처럼 몸과 마음을 한꺼번에 불사른 적은 없었습니다."

케임브리지 대학교로 돌아온 이후 뉴턴의 삶은 그야말로

거칠 것 없는 탄탄대로 그 자체였습니다. 뉴턴은 1667년 런던으로 돌아와서 케임브리지 대학교의 특별 연구원으로 뽑혔고, 1669년에는 탁월한 재능을 알아본 스승의 뒤를 이어서 교수로 임명되었습니다. 그리고 최초로 반사 망원경을 제작한 공로를 인정받아서 영국 왕립 협회의 회원으로 공식 추천되기에 이르렀습니다.

그리고 뉴턴이 1687년에 출간한, 일명 '프린키피아'라고 불리는 《자연 철학의 수학적 원리》는 그를 살아 있는 과학계의 상징으로 만들었습니다. 이 책에는 운동의 3가지 법칙(관성의 법칙, 힘과 가속도의 법칙, 작용 반작용의 법칙)과 중력의 법칙(만유인력의 법칙)이 담겨 있습니다. 뉴턴은 중력 법칙을 이용해서 천문 현상을 보란 듯이 설명하고 예측했지요.

과학자의 비밀노트

뉴턴의 운동의 법칙

• **제1법칙-관성의 법칙** : 물체는 현재의 운동 상태를 계속 유지하려는 관성
이 있는데, 물체에는 이런 관성이 있어 물체에 외부에서 힘이 작용하지 않거
나 물체에 작용한 모든 힘의 합력이 0이면 물체는 정지해 있거나 현재의 운
동 상태를 계속 유지한다.

• **제2법칙-가속도의 법칙** : 물체의 운동의 시간적 변화는 물체에 작용하는
힘의 방향으로 일어나며, 힘의 크기에 비례한다는 법칙이다.

• **제3법칙-작용 반작용의 법칙** : 두 물체가 서로 힘을 미치고 있을 때, 한쪽
물체가 받는 힘과 다른 쪽 물체가 받는 힘은 크기가 같고 방향이 반대
임을 나타내는 법칙이다. 즉, 두 물체의 상호 작용은 크기가 같고 방향
이 반대이다.

케플러의 법칙

　케플러는 브라헤가 장장 20여 년에 걸쳐서 관측한 자료를 바탕으로 천체의 운동을 면밀히 분석했습니다. 스승에 못지 않은 열정을 쏟아부으며 연구를 이어 나갔던 것입니다. 그동 안에 케플러가 그렸다가 지운 행성의 궤도는 셀 수조차 없을 정도였지요. 그러나 답은 쉽게 나오지 않았습니다.

　"왜 이런 오차가 생기는 걸까?"

　고민 끝에 케플러가 내린 결론은 이것이었습니다.

　"행성이 움직이는 속도가 항상 같을 필요는 없지 않을까?"

　케플러는 '행성은 늘 똑같은 속도로 움직여야 한다'는 기존 의 생각을 과감히 버렸습니다. 여기서 발견한 것이 케플러의

케플러는 두 번째 법칙을 발견한 후 첫 번째 법칙을 얻어 내고, 마지막으로 세 번째 법칙을 이끌어 내었지요.

3가지 행성 운동의 법칙 중 두 번째입니다. 케플러는 이어서, 행성 궤도는 타원이라는 첫 번째 법칙을 발견했고, 행성의 궤도와 공전 주기 사이의 관계를 설명하는 세 번째 법칙을 이끌어 내었습니다. 즉, 케플러는 두 번째 법칙을 발견한 후 첫 번째 법칙을 얻어 내고, 마지막으로 세 번째 법칙을 이끌어 내는 순서로 행성의 운동 법칙을 발견한 것입니다.

케플러가 밝혀낸 3가지 행성 운동의 법칙을 적어 보면 다음과 같습니다.

제1법칙 : 행성은 태양을 초점으로 하는 타원 궤도를 돈다.

제2법칙 : 행성이 같은 시간에 지나가는 면적은 어디서나 일정하다.

제3법칙 : 공전 주기의 제곱은 행성 궤도 긴반지름의 세제곱에
비례한다.

케플러의 제1법칙은 타원 궤도의 법칙, 케플러의 제2법칙은 면적 속도 일정의 법칙, 케플러의 제3법칙은 조화의 법칙이라고도 합니다.

케플러는 훗날 이렇게 털어놓았습니다.

"법칙은 예상보다 훌륭했습니다. 그러나 지금 당장이 아니라 오랜 시간이 지난 후에 인정받을 수도 있을 겁니다. 하지만 나는 기다릴 수 있습니다. 신도 나를 만나기 위해서 수천 년이나 기다려 주었으니까요."

그 뒤로 케플러에게는 '하늘의 입법자'라는 명예로운 애칭이 붙여졌습니다.

뉴턴은 중력 법칙을 적용해서 케플러의 세 가지 법칙을 모두 유도해 내었지요. 이렇게 해서 천체 물리학이 도약할 수 있는 탄탄한 기틀이 마련되었습니다.

케플러에게는 '하늘의 입법자'라는 명예로운 애칭이 붙여졌지요.

선생님, 천문학은 오랜 옛날부터 시작되어 왔잖아요. 그럼 천체 물리학은 언제부터 본격적으로 시작되었나요?

음, 케플러와 뉴턴이 등장한 후쯤 이라 할 수 있지요. 하지만 어느 날 갑자기 시작된 건 아니에요. 그전에 천문학의 지대한 발견이 있었죠.

최고의 천문학자였던 브라헤는 신성과 혜성을 발견하고, 혜성은 타원 궤도를 그리면서 운동을 한다는 것을 알아냈죠.

음. 혜성은 타원 궤도구나

브라헤는 훌륭한 업적을 많이 남겼어요. 그러나 그것은 천문학적인 업적이었죠. 그런데 그의 제자 케플러는 한 걸음 더 나아가 천문 현상 관측의 업적을 남겼지요.

브라헤

케플러

케플러는 스승이 남긴 방대한 자료를 면밀히 분석해서 태양계의 행성 운동을 예측할 수 있는 다음과 같은 법칙을 발견했어요.

제1법칙: 행성은 태양을 초점으로 하는 타원 궤도를 돈다.
제2법칙: 행성이 같은 시간에 지나가는 면적은 어디서나 일정하다.
제3법칙: 공전 주기의 제곱은 행성 궤도 긴반지름의 세제곱에 비례한다.

그 후 뉴턴은 《자연 철학의 수학적 원리》라는 저서에서 중력 법칙을 적용해서 케플러의 세 가지 법칙을 모두 유도해 내기도 했어요.

자연 철학과 수학적 원리 -뉴턴-

바로 이렇게 뉴턴과 케플러로부터 천체 물리학이 도약할 수 있는 탄탄한 기틀이 마련된 것이었답니다.

천체 물리학은 그 두 분의 업적으로 시작된 것이었군요.

에헴

으흠

4

라플라스와 천체 물리학

라플라스가 천체 물리학 분야에서 이루어 낸 업적은 무엇일까요?
천체 역학의 창안자 라플라스에 대해 알아봅시다.

4

네 번째 수업

라플라스와 천체 물리학

교.   초등 과학 5-2   7. 태양의 가족
과.   중등 과학 1   7. 힘과 운동
연.   중등 과학 2   3. 지구와 별
계.   중등 과학 3   7. 태양계의 운동
      고등 물리 II   1. 운동과 에너지
      고등 지학 I   3. 신비한 우주
      고등 지학 II   4. 천체와 우주

라플라스가 자신감 넘치는 표정으로
네 번째 수업을 시작했다.

천체 역학의 창안자, 라플라스

이번 수업에선 내 이야기를 해 볼게요

나는 나폴레옹과 동시대를 산 프랑스의 과학자로서, 이론 물리학자이면서 수학자로 폭넓게 활동했습니다. 아인슈타인 만큼 대중적으로 널리 알려지진 않았지만, 물리학자와 수학 자들 사이에선 내 이름을 모르면 간첩이라고 할 만큼 상당한 인지도를 얻고 있었지요. 내가 쌓은 이론이 있었기에 물리학 과 수학이 발전할 수 있었다고 해도 과언이 아닐 정도이지요.

나는 빛을 잡아먹는 천체를 상상한 최초의 과학자 중 한 사람입니다. 그리고 천체 역학이라는 용어를 처음 사용한 사람이기도 하지요.

나는 천체 역학에 대해서 서술한 《천체 역학》이라는 책을 출판했습니다. 이것은 1798년부터 1827년에 걸쳐서 집필한 방대한 책이지요. 이 책에서 나는 이렇게 말했습니다.

중력은 우주에서 일어나는 모든 사건을 좌지우지한다.

태양계 속 천체의 운동은 뉴턴의 중력 이론으로 완벽한 설명이 가능하다.

나는 이런 생각이 틀리지 않다고 확신했는데, 한번은 이런 일이 있었습니다. 나폴레옹이 나를 찾아와 이렇게 묻는 것이었습니다.

"당신의 책을 잘 읽어 보았습니다. 그런데 아무리 눈을 씻고 찾아봐도 신에 대한 언급은 전혀 없더라고요."

나는 소신껏 대답했습니다.

"예전에는 천체의 운동을 설명하면서 늘 신을 결부시켰지요. 그것은 그만큼 과학적 지식이 부족하다는 방증이에요. 제 과학 이론으로 천체의 운동을 완벽하게 설명할 수가 있는데, 굳이 신을 넣을 필요는 없다고 봅니다."

천체에 담긴 신비를 풀어내려는 나의 시각은 이렇듯 합리적이었답니다.

신으로부터 벗어남

신과 과학에 대한 이야기가 나왔으니, 이에 대해서 일단 짚고 넘어가도록 하겠습니다.

옛사람들은 자연의 거대한 힘 앞에 무력하게 무릎을 꿇어야 했습니다. 번개가 번쩍 하고 내리치면 벌벌 떨어야 했고, 태풍이 거세게 휘몰아치면 농작물은 물론이고 집까지 한꺼번에 잃었습니다.

그래서 그들은 신을 찾았고, 신께 간청하며 빌었습니다.

"태풍의 신이시여, 다 지어 놓은 농사를 망치지 않게 해 주세요!"

태풍의 신이시여! 농사를 망치지 않게 해 주네요.

"태양의 신이시여, 따가운 햇살을 보내 주시어 벼가 잘 익게 해 주세요!"

"가뭄의 신이시여, 농작물이 말라 죽지 않게 해 주세요!"

하지만 언제까지나 이렇게 지낼 수만은 없었습니다. 사람들은 작은 발걸음이지만 자연에 대응하는 방어책을 서서히 세워 나갔지요. 그러면서 자연 현상을 바라보는 시각도 차츰차츰 바뀌어 갔습니다. 자연 현상을 늘 신과 결부시켜 생각하려던 자세에서 벗어나려는 노력을 기울이기 시작한 것이지요.

신이 세상의 모든 일을 마음대로 처리하는 건 아니다.

옛사람들이 드디어 깊은 깨달음에 도달한 것이었습니다. 그리고 합리적 지식이 점차 늘었습니다. 점점 늘어 가는 지식은 거대한 자연에 도전하려는 사람들의 노력에 용기를 더해 주었습니다. 자연의 본모습을 제대로 파악하려는 시도가 마침내 이루어진 것입니다. 신에게 기대기보다는 합리적인 생각과 행동으로 자연을 대하고 탐구하려는 경향이 점차 우세해지기 시작한 것이랍니다. 이런 흐름이 최초로 두드러지게 나타난 때는 고대 그리스 시대였답니다.

그러나 그 후 곧바로 신으로부터 완전하게 벗어난 건 아니랍니다. 신으로부터 완전하게 독립하는 데 아주 오랜 세월이 걸렸습니다. 나폴레옹조차 신을 언급했다는 것이 좋은 예지요.

빛을 잡아먹는 천체에 대한 상상

자, 그럼 이제 내가 천체 물리학 분야에서 이루어 낸 업적을 설명해 보겠습니다.

천체에는 탈출 속도가 있습니다. 탈출 속도는 천체의 중력을 이기고 빠져나갈 수 있는 속도를 말하지요. 그 천체가 달이면 달 탈출 속도, 지구이면 지구 탈출 속도, 목성이면 목성 탈출 속도라고 합니다.

사고 실험을 해 보겠습니다. 사고 실험은 머릿속 생각 실험입니다. 실험 기기를 이용해서 하는 실험이 아니라, 우리의 머리를 사용해서 멋지게 결론을 유도해 내는 상상 실험이지

요. 창의력과 사고력을 쑥쑥 키워 주는 창조적 실험입니다.

탈출 속도는 천체의 중력을 이기는 속도예요.
탈출 속도는 중력과 밀접하게 연관돼 있다는 뜻이에요.
중력은 질량과 깊은 관계가 있어요.

중력은 질량이 무거울수록 크답니다. 이것이 뉴턴이 알아
낸 중력의 법칙입니다. 사고 실험을 이어 가겠습니다.

탈출 속도는 중력과 관계가 있고 중력은 무거울수록 강하나,
탈출 속도는 천체가 무거울수록 클 거예요.
천체의 질량이 무거울수록 탈출 속도가 커진다는 말이에요.
탈출 속도가 커지다 보면, 언젠가는 광속과 같아지는 순간이
올 거예요.
탈출 속도가 광속이 된다는 것은 빛의 속도로 달린다는 뜻이에요.
광속으로 내달려야 천체를 벗어날 수 있다는 얘기이지요.
그렇다면 탈출 속도가 그 이상이 되면 어떻게 되나요?
맞아요, 빛도 빠져나오지 못할 거예요.
빛이 빠져나올 수 없으니, 그 천체는 보이지 않을 거예요.
사물은 빛이 있어야 보이기 때문이에요.

보이지 않는 미지의 천체, 이것을 블랙홀이라고 부르지요.
나는 블랙홀을 멋지게 예측해 내었던 겁니다.

과학자의 비밀노트

탈출 속도에 대한 오해

많은 사람들이 탈출 속도에 대한 잘못된 개념을 가지고 있다. 마치 로켓
과 같은 추력(물체를 운동 방향으로 밀어붙이는 힘)을 가진 물체만 탈출
속도에 도달해서 지구 중력권을 탈출할 수 있다고 믿고 있다. 그러나 이
것은 사실이 아니다. 탈출 속도는 어떤 물체가 단순히 지표면에서 발사된
이후 어떠한 운동 에너지도 공급받지 않는 경우에 그 행성의 중력권을
탈출하기 위해 지표면에서 가져야 하는 속도일 뿐이다. 사실, 추력
을 가진 비행기는 어떠한 속도라도 지구 중력을 탈출할 수 있다.

아, 맞다! 선생님도 천체 물리학에 많은 업적을 남기셨잖아요. 구체적으로 어떤 업적을 남기셨나요?

흠흠, 이거 내 입으로 직접 말하려니 쑥스럽긴 해도 무척 많아서 무얼 먼저 말해야 할지….

그중에 굳이 꼽으라면…, 나는 빛을 잡아먹는 천체를 상상한 최초의 과학자 중 한 사람이며 천체 역학이라는 용어를 처음 사용한 사람이기도 하지요.

비… 빛을 잡아먹는다니요? 그건 어떤 괴물인가요?

빛

탈출!!

하하, 괴물이요? 그렇게 들릴 수도 있겠군요. 천체에는 탈출 속도가 있어요. 탈출 속도란 천체의 중력을 이기고 빠져나갈 수 있는 속도를 말하는 것이지요.

슝~

즉 탈출 속도는 천체의 중력을 이기는 속도예요. 그런데 중력은 질량과 깊은 관계가 있지요.

그건 알고 있어요. 중력은 질량이 무거울수록 더욱 커지죠.

탈출 속도
지구 > 달

맞아요. 천체의 질량이 무거울수록 탈출 속도는 당연히 빨라지겠죠? 그렇게 탈출 속도가 커져 광속보다 빨라지면 빛도 빠져나오지 못하게 되는 것이죠.

와, 그럼 굉장히 무거워야겠군요.

어떡하지?

도저히 탈출할 수가 없어

그렇게 되면 빛이 빠져나올 수 없으니, 그 천체는 보이지 않을 거예요. 사물은 빛이 있어야 보이니까요. 나는 보이지 않는 천체인 블랙홀을 멋지게 예측해 냈던 겁니다.

와~, 대단하세요.

안 보여!

나는 망원경으로 보이지 않아

↑ 블랙홀

아인슈타인과
천체 물리학

천체 물리학은 20세기에 들어서면서 비약적으로 발전합니다.
거기에는 물리학자 아인슈타인의 구실이 아주 컸습니다.

5

아이슈타인과
천체 물리학

교.	초등 과학 5-2	7. 태양의 가족
과.	중등 과학 1	7. 힘과 운동
연.	중등 과학 2	3. 지구와 별
계.	중등 과학 3	7. 태양계의 운동
	고등 물리 II	1. 운동과 에너지
	고등 지학 I	3. 신비한 우주
	고등 지학 II	4. 천체와 우주

라플라스가 아인슈타인의
상대성 이론에 대한 이야기로
다섯 번째 수업을 시작했다.

특수 상대성 이론이 탄생하기까지

천체 물리학은 20세기로 접어들면서 그 이전에는 상상도 할
수 없었던 발전을 거듭합니다. 천체 물리학의 비약적인 발전
의 바탕에는 물리학자 아인슈타인(Albert Einstein, 1879~1955)
이 있었고, 그가 내놓은 상대성 이론이 있었습니다.

아인슈타인의 상대성 이론은 특수 상대성 이론과 일반 상
대성 이론으로 나뉩니다. 특수 상대성 이론은 1905년, 일반
상대성 이론은 1916년에 발표했지요.

아인슈타인이 상대성 이론의 실마리를 풀어 나가는 첫 과정은 빛이었습니다. 16세 무렵 아인슈타인은 빛을 따라가는 사고 실험을 즐겼지요.

저기 빛이 보여요.

나는 빛을 따라가요.

그러나 빛이 워낙 빨라요.

나는 속도를 높여요.

빛과의 거리가 점점 좁혀져요.

곧 따라잡을 것 같아요.

이내 나와 빛은 속도가 똑같아졌어요.

그 순간 세상은 어떻게 보일까요?

아인슈타인이 즐겨 한 또 하나의 사고 실험은 이것이었습니다.

내가 서 있어요.

공간은 한없이 드넓어요. 그러나 빛이 없어요.

나는 손에 쥔 손거울로 얼굴을 비추어 봐요.

그러나 손거울에는 내 얼굴이 나타나지 않아요.

빛이 없기 때문이에요. 그 순간 빛이 들어와요.

내 얼굴이 손거울에 뚜렷하게 나타나요.

빛은 계속 광채를 강하게 내뿜고 있어요.

갑자기 빛에서 벗어나고 싶은 충동이 일어요.

속도가 광속에 이르는 순간
내 얼굴은 어떻게 보일까?

나는 손거울을 들고 빛이 나오는 반대쪽으로 내달려요.

그러고는 손거울을 봐요.

내 얼굴이 또렷이 나타나요.

나는 속도를 한껏 높여요.

속도가 광속에 이르러요.

다시 손거울을 들여다봐요.

그 순간 내 얼굴은 어떻게 보일까요?

이러한 상상은 훗날 아인슈타인이 상대성 이론을 만들어 내는 튼튼한 뿌리가 되었답니다.

특수 상대성 이론

특수 상대성 이론과 일반 상대성 이론을 구분하는 기준은 속도입니다.

특수 상대성 이론은 속도가 변하지 않는 경우에 적용할 수 있는 이론입니다. 예를 들어, 초속 10만 km로 출발한 우주선의 속도가 1시간 후에도 그대로 초속 10만 km이고, 일주일이 가고 10년이 지난 뒤에도 변하지 않는 10만 km일 때 적

특수 상대성 이론은 속도가 변하지 않는 경우에 적용할 수 있는 이론이랍니다.

용할 수 있는 이론입니다. 아인슈타인은 특수 상대성 이론에서 길이와 시간과 질량의 변화를 예측했습니다.

그리고 아인슈타인은 특수 상대성 이론에서 시간과 공간을 따로 생각해선 안 된다고 역설했습니다. 여기서 탄생한 것이 시간과 공간으로 어우러진 4차원 세계이지요.

일반 상대성 이론이 탄생하기까지

특수 상대성 이론을 발표한 지 2년 후, 아인슈타인은 일반 상대성 이론의 포문을 여는 상상을 하게 됩니다.

"베른의 특허국 사무실 의자에 앉아 있는데 기막힌 생각 하나가 떠오르는 것이었어요. 자유 낙하하는 사람은 자신의 몸무게를 느낄 수 있을까? 나는 이 상상을 기반 삼아 일반 상대성 이론을 펼쳐 나갈 수가 있었습니다."

그러나 아인슈타인의 일반 상대성 이론 작업은 그리 쉽게 이루어지지 않았습니다. 특수 상대성 이론은 기본 원리의 기초를 닦고 나서 5주면 충분했으나, 일반 상대성 이론은 그와는 비교도 되지 않는 긴 시간을 필요로 했습니다. 거기엔 비유클리드 기하학과 텐서라고 하는 어려운 물리학 개념이 장벽처럼 우뚝 서 있기 때문이었습니다.

비유클리드 기하학이라는 난관을 해결하지 않고서는 일반 상대성 이론이란 그저 머릿속 생각으로만 그치고 말 게 뻔했

습니다. 아인슈타인은 엄청난 스트레스를 받으며 하루하루를 보냈습니다.

그러던 어느날 프라하에 있던 아인슈타인에게 편지 한 통이 날아왔습니다. 그로스만이 보낸 편지였습니다. 그로스만은 아인슈타인에게 취리히 연방 공과 대학으로 올 것을 권유했고, 아인슈타인은 즉각 수락했습니다.

그로스만(Marcel Grossmann, 1878~1936)과 아인슈타인은 취리히 연방 공과 대학에 다니던 시절 함께 배우던 절친한 사이로, 그로스만은 아인슈타인에게 특허청 자리를 알선해 준 고마운 친구였습니다. 당시 그로스만은 모교의 수학·물리학 과장으로 재직하고 있었습니다.

취리히에 도착한 아인슈타인은 곧바로 그로스만을 찾았습

니다.

"일반 상대성 이론을 완성하려고 하는데 막히는 부분이 있다네. 자네가 도움을 줄 수 있을 거라고 나는 믿네."

그로스만은 해결책으로서 텐서 이론을 공부해 볼 것을 권유했습니다.

"텐서 이론이 자네의 갈증을 풀어 줄 수 있을 걸로 보네. 그러나 쉽지 않은 이론이라네. "

텐서 이론은 지금도 지극히 난해한 이론 중 하나입니다. 그런데 텐서 이론이 막 태동한 그 무렵에 그걸 가르쳐 줄 사람도 없이 혼자서 공부한다고 생각해 보세요. 생각만 해도 머리가 지끈지끈하지요.

아인슈타인은 일반 상대성 이론을 발표하면서 대다수의 물리학자가 텐서 이론을 이해하지 못할 걸 예상하고, 논문의 첫

머리에 텐서 이론을 자세히 설명해 놓았답니다.

일반 상대성 이론

아인슈타인은 특수 상대성 이론이라는 걸출한 이론을 내놓고도 만족하지 못했습니다. 그 결정적인 이유는 속도의 변화에 있었습니다. 움직이는 물체가 항상 똑같은 속도로만 움직이는 건 아니지요. 빨라지기도 하고 느려지기도 하잖아요.

예를 들어, 우주선이 처음에는 초속 10만 km로 출발했어도 한 시간 뒤에는 초속 12만 km로 빨라질 수도 있고, 이틀 후에는 초속 8만 km로 느려질 수도 있지요.

속도가 이렇게 변하면, 특수 상대성 이론은 적용할 수가 없

일반 상대성 이론은 속도가 변하는 경우에 적용할 수 있는 이론이랍니다.

습니다. 이것이 특수 상대성 이론이 안고 있는 취약점이며 한계랍니다.

아인슈타인은 특수 상대성 이론의 이러한 약점을 보완하고 싶어 했습니다. 그래서 각고의 노력 끝에 내놓은 것이 일반 상대성 이론입니다.

아인슈타인은 일반 상대성 이론에서 우주 공간이 직선처럼 곧지 않고 구부러져 있다고 주장했습니다. 그러면서 이렇게 예언했지요.

태양 주변을 지나는 빛은 태양 쪽으로 휜다.

과학자의 비밀노트

에딩턴(Arthur Stanley Eddington, 1882~1944)
영국의 천문학자이자 이론 물리학자로 천체 물리학과 우주론 분야에 공헌하였다. 케임브리지 천문대에서 일하면서 세페이드 변광성 연구, 항성의 질량과 광도 관계 도출, 백색 왜성의 이상 고밀도와 그 스펙트럼의 적색 편이, 쌍성 문제 등의 연구에서 많은 활약을 하였다.

또, 빛도 휜다는 아인슈타인의 생각은 에딩턴이 일식 때 별빛이 태양 중력에 의해 휜다는 사실을 밝힌 뒤에야 제대로 인정받기 시작했다.

이 예측이 옳다는 것은 영국의 천체 물리학자인 에딩턴 (Arthur Stanley Eddington, 1882~1944)에 의해 곧이어 실험으로 확인되었습니다.

아인슈타인의 일반 상대성 이론은 블랙홀을 포함한 우주의 신비를 푸는 데 크나큰 기여를 했답니다.

브란스 – 디케 이론과 본디 – 호일 이론

우주의 신비를 풀어 보겠다고 내놓은 이론은 일반 상대성 이론 말고도 무수히 많습니다. 그러나 대개가 시시껄렁한 것

들이었고, 2개가 그런 대로 주목받을 만했습니다. 하나는 브랜스–디케 이론이고, 다른 하나는 본디–호일 이론입니다.

브랜스–디케 이론은 스칼라–텐서 이론이라고도 불립니다. 이것은 일반 상대성 이론을 미세하게 수정한 것이어서 상당히 정밀한 측정이 요구되는 이론입니다. 그러나 일반 상대성 이론으로 예측한 현상과 다르게 예측했지요. 그래서 현재는 죽은 이론으로 전락해 버린 상황이랍니다. 하지만 이 이론이 우주의 비밀을 푸는 데 어느 정도 기여했음은 천체 물리학자라면 누구나가 인정하는 바입니다.

본디–호일 이론은 정상 우주론이라고 합니다. 본디와 호일은 이렇게 말했지요.

> 우주는 변하지 않는 상태를 죽 이어 간다.

　우주가 정상적인 상태를 늘 유지한다고 본 것이지요. 그래서 본디-호일 이론을 정상 우주론이라고 부르는 것이랍니다.
　그런데 본디-호일 이론은 결정적인 취약점을 안고 있습니다. 본디-호일 이론에 따르면 물질이 계속 생겨나야 하는데, 그걸 마땅히 설명하지 못하고 있답니다. 그래서 본디-호일 이론은 현재 숨을 죽이고 있는 상태에 있지요. 언젠가 부활할 날을 손꼽아 기다리면서 말입니다.

뉴턴 이론의 허점

　아인슈타인은 천체 물리학에 거대한 기여를 했습니다. 아인슈타인의 기여 가운데 하나가 우주 공간의 휨에 관한 것이지요.
　뉴턴의 중력 법칙에 따르면 빛은 휠 수가 있습니다. 이러한 생각의 밑바탕에는 빛을 입자라고 하는 생각이 깔려 있습니다. 이것을 흔히 빛의 입자성이라고 부르지요. 빛의 입자성이란 빛이 작은 알갱이로 이루어져 있다는 것입니다. 빛을

빛이 쪼그마한 알갱이로 이루어져 있다고 보는 성질을 빛의 '입자성'이라고 하지요.

이루는 작은 알갱이를 광자라고 합니다.

사고 실험을 하겠습니다.

빛은 알갱이 같은 입자로 이루어져 있어요.

알갱이는 물질이에요.

물체는 중력의 영향을 받아요.

서로 끌어당기는 힘이 나타나는 거예요.

이런 힘을 인력이라고 해요.

빛도 입자로 이루어져 있으니 중력의 영향을 받아야 해요.

여느 물체처럼 인력이 작용할 거란 말이에요.

인력이 작용하니 천체 주변을 지날 때에는

빛이 천체 쪽으로 휠 거예요.

　아인슈타인은 태양의 주변에서 빛이 얼마나 휘는가를 계산해 보았습니다. 그 값은 0.875초였습니다. 이때 1초는 3,600분의 1°이지요.

　그러나 아인슈타인은 곧, 이러한 예측이 잘못된 것 같다는 생각을 하게 된답니다. 아인슈타인은 그래서 근원적이 물음을 던지면서 문제를 새롭게 파헤치기 시작하지요.

　"빛은 왜 휠까?"

　사고 실험을 하겠습니다.

빛은 왜 휘는 걸까요?

뉴턴은 이것이 중력 때문이라고 해요.

중력이 잡아당겨서 빛이 휘는 거라고 말하는 거예요.

그렇다면 지구는 왜 태양 쪽으로 떨어지지 않는 걸까요?

뉴턴의 중력 법칙대로라면 지구도 태양의 인력을 받고 있으니 태양 쪽으로 끌려가야 할 텐데 말이에요.

그런데 그렇지가 않아요.

지구는 공전 궤도를 따라서 안정적으로 태양 둘레를 회전하고 있잖아요.

이건 뉴턴의 중력 이론에 허점 있다는 뜻이에요.

그렇습니다. 뉴턴의 중력 법칙은 완벽한 이론이 아니랍니다. 그렇다고 불완전한 이론도 아니지요. 일상에서 마주하는 자연 현상은 뉴턴의 이론으로도 만족할 만한 설명을 할 수가 있지요. 지구 밖에 인공위성을 쏘아 올리는 것이나 달에 우주선을 보내는 정도는 뉴턴의 중력 법칙만으로도 무리가 없

답니다. 다만, 자연 현상을 세세히 설명하고자 할 때 문제가
되는데, 이걸 해결해 줄 수 있는 이론이 바로 아인슈타인의
일반 상대성 이론입니다.

예측의 수정

뉴턴의 중력 법칙이 완벽하지 않으니, 그걸로 유도한 결과도 당연히 완벽하지 않을 겁니다. 아인슈타인은 뉴턴 이론의 이러한 약점을 사고 실험으로 예리하게 간파했던 겁니다. 그래서 처음에 계산한 빛이 휘는 각도도 틀렸으리라 보고, 그것을 수정하는 작업에 다시 들어갔답니다.

아인슈타인은 수년 동안 굉장한 노력을 했습니다. 수학 이론 중에서도 가장 난해하다고 하는 텐서 이론을 홀로 공부하면서 중력장 방정식을 세우는 데 자신의 모든 걸 바쳤던 겁니다. 그러면서 아인슈타인이 겪은 어려움은 상상을 초월할 정도였지요. 그것은 아인슈타인이 남긴 다음의 말에 그대로 담겨 있답니다.

"이렇게까지 죽을힘을 다해 연구에 몰두해 본 적은 없었습니다. 여기에 기울인 나의 노력은 가히 초인적이라고 해도 과언이 아닐 정도입니다."

그럼 다시 사고 실험을 해 보겠습니다.

뉴턴의 허점은 어디에서 기인하는 걸까요?
그건 세상이 굽어 있다고 보느냐 그렇지 않느냐의 차이예요.

뉴턴이 그린 세상은 이처럼 평평한 공간이지요.

뉴턴은 세상이 굽어 있지 않다고 보았어요.

그래요, 뉴턴이 그린 세상은 평평한 공간이에요.

우리는 공간이 평평할 거라고 믿어 의심치 않습니다. 예부터 이러한 생각에는 한 치의 흔들림이 없었지요. 우리를 둘러싸고 있는 주변 공간이 평평하지 않다고 말해 보세요. 십중팔구 그 사람은 미친 사람 취급을 받을 겁니다. 그런데 미친 사람이란 비아냥거림을 두려워하지 않고 과감히 반론을 제기한 과학자가 나타났는데, 그가 바로 아인슈타인이지요.

사고 실험을 이어 가겠습니다.

뉴턴은 공간을 평평하다고 보았으니, 그가 유도해 낸 중력 법칙도 평평한 세상을 바탕으로 해서 이루어진 이론이에요.

그러니 뉴턴의 중력 법칙으로 이끌어 낸 빛의 휨 현상도

평평한 세계에서만 맞는 거예요.

그런데 우리 주변의 공간이 평평하지 않다면 어떻게 되겠어요?

즉, 공간이 굽어 있다면 어떨지 묻는 거예요.

뉴턴의 중력 법칙은 당연히 수정되어야 할 거예요.

그걸로 유도한 빛의 휨 현상을 정확하다고는 볼 수 없을 거예요.

그러니까 0.875초라는 각도가 바로잡혀야 한다는 의미예요.

뉴턴의 중력 법칙이 유도한 빛의 휨 현상은 평평한 세계에서만 맞을 겁니다.

그랬습니다. 아인슈타인은 0.875초라는 값에 더는 미련을 두지 않고 과감히 내던졌습니다. 완벽하지 못한 이론에서 나온 결론이 완벽할 수는 없는 법이니까요.

사고 실험을 이어 가겠습니다.

공간이 휘어 있으니, 빛은 평평할 때보다 더 많이 휘어야 할 거예요.
공간이 휜 각도만큼 말이에요.
이건 뉴턴의 중력 이론으로 예측한 값 0.875초보다 빛이 더 많이
휘어야 한다는 뜻이기도 해요.

아인슈타인은 이러한 생각에 기초하여 태양 주변에서 빛
이 휘는 각도를 다시 계산했습니다. 새로운 각도는 이전 값
의 2배였습니다. 즉, 0.875초의 두 배인 1.75초 정도 휘어야
한다는 결론이 나온 것입니다.

> 아인슈타인은 공간이 휘어 있다면,
> 빛은 뉴턴의 중력 이론으로 예측한 값보다
> 더 휘어야 할 거라고 생각했습니다.

아인슈타인의 이러한 예측은 보란 듯이 증명되었습니다. 그 증명은 영국의 천체 물리학자인 에딩턴 덕분이었습니다. 이렇게 해서 아인슈타인은 일약 세계적인 과학자로 우뚝 서게 되었답니다.

아인슈타인과 비유클리드 기하학

아인슈타인은 기존의 수학적 지식에다 자신의 빛나는 창의적 사고 실험을 더하는 것으로 특수 상대성 이론을 완벽하게 완성해 내었습니다. 그러나 일반 상대성 이론은 그렇게 호락

호락하지 않았습니다. 사고 실험의 무게도 무게이려니와 수학적 지식의 깊이도 비교가 안 될 정도였습니다.

특수 상대성 이론을 유도할 때까지 아인슈타인이 깊이 파고들었던 기하학은 유클리드 기하학이었습니다.

삼각형 내각의 합은 180°이다.

두 점을 잇는 최단 거리는 직선이다.

우리가 수학 시간에 익히 배워서 알고 있는 이러한 원리들이 유클리드 기하학이지요. 그런데 이 정도의 기하학적 지식으로는 도저히 일반 상대성 이론을 구축해 낼 수가 없었습니다. 여기서부터 아인슈타인의 진짜 고통이 시작되었던 것인

수학 시간에 배우는 원리들이 유클리드 기하학이지요.

데, 그때 불현듯 나타나서 아인슈타인에게 조언을 해 준 인물이 대학 동창 그로스만이었습니다. 그로스만은 유클리드 기하학을 뛰어넘는 새로운 수학, 이른바 비유클리드 기하학을 공부해서 적용해 볼 것을 조언해 주었습니다.

유클리드 기하학을 넘어서

유클리드 기하학으론 왜 일반 상대성 이론을 완성해 내는 것이 가능하지 않은 걸까요? 여기서 사고 실험을 하겠습니다.

태양이 있고 그 주변에 별 A, B, C가 있어요.

별 A가 빛을 방출해요.

별 A에서 나온 별빛이 별 B로 향해요.

그런데 태양 주변 공간은 굽어 있으니,

별 A는 휘면서 별 B로 다가가요.

이번에는 별 B가 빛을 방출해요.

별 B에서 나온 별빛이 별 C로 향해요.

태양 주변 공간은 굽어 있으니, 별 B는 휘면서 별 C로 다가가요.

마지막으로 별 C가 빛을 방출해요.

별 C에서 나온 별빛이 별 A로 향해요.

태양 주변 공간은 굽어 있으니, 별 C는 휘면서 별 A로 다가가요.

별빛이 별 A에서 별 B로, 별 B에서 별 C로, 별 C에서 별 A로

다가가는 길을 이어 보면 삼각형이 만들어져요.

그러나 우리가 익히 알고 있는 삼각형이 아니에요.

변이 굽은 삼각형이에요.

변이 직선인 삼각형의 내각의 합은 180°예요.

그러나 굽은 삼각형은 180°가 넘어요.

이렇게 변이 굽은 삼각형은 유클리드 기하학으로 풀 수가 없어요.

유클리드 기하학은 변이 직선인 삼각형을 다루는 기하학이니까요.

그러니 변이 굽은 삼각형을 멋지게 다룰 수 있는 새로운 기하학이

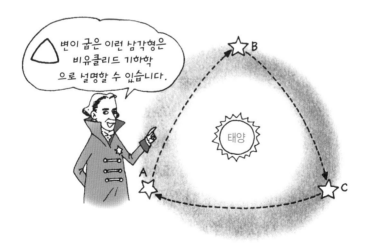

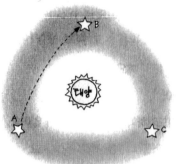

별 A에서 나온 별빛이
휘면서 별 B로 향한다.

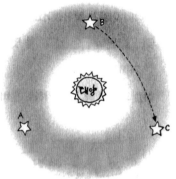

별 B에서 나온 별빛이
휘면서 별 C로 향한다.

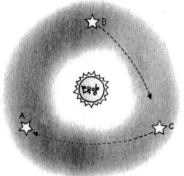

별빛이 이동하는
길을 선으로 연결하면
변이 굽은 삼각형이 된다.

별 C에서 나온 별빛이
휘면서 별 A로 향한다.

필요한 거예요.

이걸 가능케 해 주는 기하학이 비유클리드 기하학이에요.

아인슈타인이 일반 상대성 이론을 완성하는 데 유클리드 기하학을 뛰어넘는 더욱 고차원의 기하학이 절실했던 이유입니다.

아인슈타인의 실수

아인슈타인은 천체 물리학을 굳건한 토대 위에 올려놓은 신화적인 존재입니다.

그런 그가 20세기 천체 물리학이 저지른 최대의 실수를 범했다면 믿을 수 있겠어요? 거짓말이라고요? 절대 거짓말이 아니랍니다. 그것은 아인슈타인 스스로도 인정한 엄연한 사실이랍니다.

자, 그럼 아인슈타인이 저지른 20세기 최대의 실수가 무엇이고, 20세기 천체 물리학이 거둔 최대의 업적이 무엇인지 알아보도록 하겠습니다.

고대 그리스 시대부터 20세기 초까지 누구도 의심치 않았

아인슈타인이 20세기 천체 물리학이 저지른 최대의 실수를 범했다는 게 믿기나요? 그러나 엄연한 사실이랍니다.

던 생각은 이것이었습니다.

우주는 정지 상태로 있어야 한다.

그랬습니다. 20세기 초까지도 이에 대해서 의심하는 사람은 거의 없었습니다. 우주가 변한다고 주장하는 건, 신을 모독하는 행위나 다름없었으니까요. 우주가 변하지 않는다는 건 일종의 불문율이나 마찬가지였고, 아인슈타인도 그러한 불문율을 따르고 있었습니다.

아인슈타인은 우주의 상태를 알려 주는 연구를 하면서 우주 상태 방정식을 유도해 내었습니다. 아인슈타인만이 해낼 수 있는 위대한 업적 중 하나이지요. 그런데 아인슈타인은 그 방정식을 선뜻 수용할 수가 없었습니다. 우주 상태 방정식이 너무도 혁명적인 뜻을 담고 있었기 때문이지요.

"아니, 이런! 우주가 흔들리고 있다니!"

아인슈타인의 우주 상태 방정식은 우주가 정지해 있지 않고, 팽창이나 수축을 하고 있음을 암시하고 있었던 겁니다.

아인슈타인은 고민에 빠졌습니다.

'어느 걸 고르지?'

아인슈타인은 선택을 해야 했습니다. 자신이 발견한 우주 상태 방정식을 받아들이든지, 아니면 우주는 정지해 있어야 한다는 수천 년을 이어 온 생각을 그대로 받아들이든지 말입니다.

이윽고 아인슈타인은 결정했습니다.

우주가 변한다고 생각하는 건 신을 모독하는 행위이지요.

"우주 상태 방정식을 버려야겠어."

아인슈타인은 우주 상태 방정식을 수용하길 거부했습니다. 상대성 이론이라고 하는, 상식과는 거리가 먼 혁명적인 이론을 만들어 낸 아인슈타인조차도 우주 상태 방정식을 수용하는 건 무리였던 겁니다. 기존 사고의 틀 속에 갇혀서는 획기적인 발전을 기대하기 어렵다고 누차 강조하던 아인슈타인이건만, 그도 이 문제만큼은 구시대의 틀을 과감히 떨쳐 버리지 못한 것이었습니다.

하지만 그렇다고 아주 쓸모없는 것으로 치부해 버리기에는 우주 상태 방정식이 너무도 아까웠습니다. 아인슈타인은 우주 상태 방정식을 수정하는 쪽으로 마음을 돌려 새로운 항을 추가시켰는데, 그것이 우주 상수입니다.

홋날 아인슈타인은 이렇게 말했지요.

"우주 상태 방정식에 우주 상수를 추가한 건, 내 생애 최대의 실수였습니다."

아인슈타인이 이렇게 자신의 실수를 인정할 수밖에 없었던 건, 우주 팽창의 증거가 나왔기 때문입니다.

허블과 휴메이슨

미국의 천체 물리학자 허블(Edwin Powell Hubble, 1889~1953)은 손을 대는 일마다 운이 따라붙는 사람이었습니다.

허블은 시카고 대학을 다니다가 로드 장학생으로 뽑혀서 옥스퍼드 대학에서 법률을 공부했습니다. 그가 법률을 공부한 것은 어머니의 강력한 권유 때문이었습니다.

하지만 천문학에 대한 끓어오르는 강렬한 욕구를 참아 내기는 어려웠습니다. 허블은 법률가의 꿈을 접고 천문학을 공부하기로 결정했습니다. 그러고는 시카고 대학에서 천문학 박사 학위를 받고 윌슨 산 천문대에서 연구를 시작했지요.

허블은 윌슨 산 천문대의 천체 망원경을 이용해서 자신의 논문 주제이기도 한 희미한 별 무리를 찾는 작업에 즐겨 나섰습니다. 꼬박 밤을 지새우며 별의 사진을 찍고, 별의 모양을 관찰하고, 별을 분류하는 일은 정말 지루하기 이를 데 없는 작업이었습니다. 하지만 하고 싶은 일이었기에 기쁨은 남달랐습니다.

그러나 안타깝게도 이 자료만으로는 허블이 밝혀내고자 하는 결론을 산뜻하게 이끌어 낼 수가 없었습니다.

"저 별들은 우리 은하에 속해 있을까, 아니면 바깥에 퍼져 있을까?"

허블의 이러한 의문을 풀어 주기 위해선 대형 망원경이 절실했습니다. 그런데 운이 따라 주는 사람이란 말대로, 때마

침 세계 최대의 252cm 천체 망원경이 윌슨 산 천문대에 설치된 것이었습니다.

허블은 새 망원경을 사용해서 안드로메다자리에 속한 별무리의 사진을 찍었습니다. 그러고는 소마젤란성운과 밝기를 비교해 지구에서 안드로메다자리까지의 거리를 직접 계산했습니다. 결과는 실로 놀라웠습니다. 안드로메다은하는 지구가 속해 있는 은하와는 다른 은하였던 것입니다.

"우주에는 안드로메다은하 말고도 더 많은 은하가 존재할 가능성이 있다는 건데……."

허블은 우주를 계속 관찰했고, 우주는 수많은 은하들로 가득 차 있다는 사실을 확인하게 되었습니다.

허블의 연구는 더욱더 힘을 얻었습니다. 그러던 어느 날이었습니다. 허블은 여느 날과 마찬가지로 천체 망원경으로 은하를 관찰하고 있었습니다. 그런데 난감한 일이 생기고 말았습니다. 천체 사진을 찍어야 하는데 담당자가 병이 나서 출근을 하지 못한 것이었습니다.

"누구에게 부탁하지?"

허블은 휴메이슨(Milton Humason, 1891~1972)을 떠올렸습니다. 그는 원래 천문학을 전공한 학자는 아니었습니다. 천문대에서 이런저런 잡일을 하는 사람이었지요. 평소 그의 총

명함을 유심히 봐 두었던 허블은 그에게 사진 작업을 맡겼습니다. 휴메이슨은 허블의 기대를 저버리지 않고 보란 듯이 천체 사진을 찍어 내었습니다.

"대단하군!"

허블은 휴메이슨이 찍은 은하 사진을 보며 칭찬을 아끼지 않았습니다.

허블의 칭찬은 결코 과장이 아니었습니다. 휴메이슨이 찍은 천체 사진은 어떤 천문학자가 찍은 것에도 뒤지지 않았으니까요.

허블은 은하 사진을 거리순으로 분류했습니다. 그러고는 후퇴 속도를 차근차근 계산해 보았지요.

"이럴 수가!"

허블은 결과에 놀라지 않을 수 없었습니다. 허블은 휴메이슨을 불렀습니다. 그러고는 그가 계산하여 구한 값을 보여 주었습니다.

"오, 이런!"

휴메이슨 역시 벌어진 입을 다물지 못하기는 마찬가지였습니다.

"이게 사실이라고 생각하나?"

"선뜻 믿기 힘든 일이지만, 계산 과정에 착오나 실수가 없었다면 믿어야겠지요. 계산을 다시 한 번 꼼꼼히 검토해 보시죠."

허블은 차분히 여러 차례 계산을 다시 해 보았고, 결과는 처음과 다르지 않았습니다. 계산 과정에는 아무런 문제가 없

이럴 수가. 은하가 후퇴하고 있다니!!

었던 것입니다.

"먼 은하일수록 점점 더 빠르게 후퇴하고 있다니!"

허블은 나직이 되뇌며 놀라움을 금치 못했습니다.

우주는 팽창 중

허블은 먼 은하일수록 후퇴 속도가 점점 더 커지고 있다는 사실에 왜 그토록 당혹스러워한 것일까요? 그것은 우주 팽창 과 직접적으로 연관돼 있기 때문이랍니다.

사고 실험을 하겠습니다.

우주가 정지해 있으면 은하와 별들도 제자리에 멈추어 있어야 해요.

은하와 별은 우주에 포함돼 있으니까요.

그러나 우주가 부풀어 오르는 풍선처럼 자꾸자꾸 커지면

사정은 완연히 달라져요.

바깥쪽 은하와 별은 커져 가는 우주를 따라서 멀어질 수밖에 없어요.

이를 통해서 무엇을 알 수 있을까요?

그래요, 바깥쪽 은하와 별이 멈추어 있는지

점점 멀어지고 있는지를 관찰하면, 우주가 정지해 있는지 팽창하고 있는지를 가늠할 수 있어요.

허블과 휴메이슨이 무엇을 발견했나요?

맞아요, 은하가 계속 멀어지고 있다는 걸 알아냈어요.

그것도 먼 은하일수록 더 빠르게 멀어지고 있다는 사실을 말이에요.

그렇군요, 우주는 정지해 있는 게 아니었어요.

우주는 팽창하고 있는 거예요.

아인슈타인이 우주 상수를 도입하지 않은

첫 번째 결과가 맞는 거예요.

　우주가 팽창하는 모습과 은하가 점점 멀어져 가는 모양은
점들을 그려 놓은 고무풍선이 부풀어 오르는 것과 흡사하다
고 보면 됩니다. 풍선이 부풀면 표면의 점들은 계속 멀어지
지요. 이때 풍선을 우주, 점들을 은하라고 하면 우주가 팽창

하는 형상이 되는 겁니다. 우주가 팽창한다는 발견은 20세기 천체 물리학이 이룬 최대의 성과 중 하나랍니다.

선생님, 그럼 선생님 외에 천체 물리학에 많은 공헌을 한 과학자는 누가 있나요?

많은 분들이 있지요. 하지만 역시 상대성 이론을 발견한 아인슈타인을 꼽아야겠죠.

상대성 이론이요?

네. 천체 물리학이 20세기에 비약적으로 발전할 수 있었던 건 상대성 이론이 있었기 때문이죠. 상대성 이론에는 특수 상대성 이론과 일반 상대성 이론이 있어요.

특수 상대성 이론

일반 상대성 이론

먼저 특수 상대성 이론은 속도가 변하지 않는 경우에 적용할 수 있죠. 아인슈타인은 이 이론에서 시간과 공간을 따로 생각해선 안 된다고 역설했어요. 여기서 탄생한 것이 4차원 세계지요.

특수 상대성 이론 → 속도 변화가 없는 경우

아인슈타인은 특수 상대성 이론만으로는 만족하지 못했어요. 물체가 항상 같은 속도로만 움직이는 건 아니기 때문이지요. 그래서 각고의 노력 끝에 일반 상대성 이론을 내놓게 됩니다.

역시 아인슈타인 박사님이네요.

드디어 발견했다!

만세

일반 상대성 이론에서 우주 공간이 직선처럼 곧지 않고 구부러져 있다고 주장했어요. 그리고 태양 주변을 지나는 빛은 태양 쪽으로 휠 것이라고 예언도 했죠.

그게 정말인가요?

네. 이 예측이 옳다는 건 영국의 천체 물리학자인 에딩턴에 의해 확인되었어요. 일반 상대성 이론은 블랙홀을 포함한 우주의 신비를 푸는 데에도 큰 기여를 했답니다.

실제의 별

겉보기 별

빛이 태양 쪽으로 기울었어.

개기 일식

에딩턴과 천체 물리학

별은 왜 빛나는 것일까요?
이 물음의 답을 밝힌 에딩턴을 만나 봅시다.

6

여섯 번째 수업

에딩턴과 천체 물리학

교.	초등 과학 5-2	7. 태양의 가족
과.	중등 과학 1	7. 힘과 운동
연.	중등 과학 2	3. 지구와 별
계.	중등 과학 3	7. 태양계의 운동
	고등 물리 II	1. 운동과 에너지
	고등 지학 I	3. 신비한 우주
	고등 지학 II	4. 천체와 우주

라플라스가 에딩턴에 대해 소개하며
여섯 번째 수업을 시작했다.

별이 공 모양을 하고 있는 이유

에딩턴은 아인슈타인의 상대성 이론을 최초로 검증하였을
뿐만 아니라, 별의 온도와 내부 구조에 대해서도 깊이 있게
연구한 천체 물리학자입니다. 천문 현상을 설명하는 데 현대
물리학을 유용하게 적용한 실질적인 최초의 천체 물리학자
이지요.

인간이 스스로에게 던진 가장 오래된 질문이면서 가장 많

이 던진 의문 가운데 하나는 이것일 겁니다.

별은 왜 공 모양을 하고 있는 걸까?

이에 대한 답을 최초로 밝힌 사람이 바로 에딩턴이지요.
자, 그럼 에딩턴이 어떻게 그 답을 알아내었는지 사고 실험
으로 차근차근 알아보도록 하겠습니다.

별은 가스로 가득 차 있어요.
가스는 이리저리 흩날리기 쉬운 물질이에요.
이리저리 움직임이 심하면, 모양을 갖추기가 어려워요.
더구나 다 날아가 버리고 나면, 모양이란 건 아예 상상조차 할 수가

없어요.

그렇다면 별은 형태가 없어야 해요.

그런데 별은 분명히 공 모양을 하고 있어요.

이건 무엇을 의미할까요?

가스가 밖으로 도망가지 못하도록 막는 힘이 있다는 뜻이에요.

그 힘은 별의 중심을 향해야 할 거예요.

그래야 가스가 밖으로 날아가지 못할 테니까요.

지구 중심을 향하는 힘이 무엇이죠?

맞아요, 중력이에요.

지구 중력이란 말이에요.

그렇다면 별의 중심을 향하는 힘이란, 별의 중력이에요.

중력은 무거우면 무거울수록 강력해요.

흩날리기 쉬운 가스로
가득 찬 별이 어떻게
형태를 유지하는 걸까요?

일반적인 별은 지구보다 월등히 크고 무거워요.

한 예로 태양을 생각해 봐요.

지구와는 비교도 되지 않을 만큼 크고 무겁잖아요.

별의 중력이 지구보다 월등히 셀 수밖에 없는 이유예요.

지구 중력으로도 대기를 지표에 꼭꼭 묶어 두는 게 가능해요.

그러니 별의 중력으로 가스를 묶어 놓는 건 어렵지 않은 일일 거예요.

별이 흩날리기 쉬운 가스로 이루어져 있으면서도

공 모양을 유지하고 있는 이유예요.

별이 일정한 크기를 유지하는 이유

사고 실험을 이어 가겠습니다.

별의 중력은 중심을 향해요.

그러니 별 안에 있는 가스는 별의 중심으로 끌려야 할 거예요.

중심으로 끌리면 작아져야 해요.

작아지다 작아져서 지구보다 작아지고,

이내 달보다도 더 작아져야 할 거예요.

그런데 실제로도 그런가요?

태양을 생각해 봐요, 태양이 작아지나요?

태양엔 중력이 있는데 왜 작아지지 않는 걸까?

그렇지 않죠. 태양은 작아지질 않아요.

이건 무엇을 의미하나요?

중력에 비기는 힘이 있다는 뜻이에요.

가스가 중심으로 끌리는 걸 방해하는 힘이 있다는 거예요.

이 힘은 별 중심에서 밖으로 향해야 해요.

그래야 가스가 중심으로 끌려서 별이 작아지는 걸 막아 줄 테니까요.

별 속에서 밖으로 뻗치는 힘이란 무엇이 있을까요?

별은 빛을 방출하고 있어요.

빛은 열기예요.

그래요, 별 중심에서 밖으로 뻗치는 힘은 열이에요.

별에서는 중력이 안으로 당기는 힘과 중심에서 밖으로 밀치는 열기가 동등한 세기로 작용하고 있답니다. 그래서 별의 크기가 줄지 않고, 그 크기를 그대로 유지할 수가 있는 것이랍니다.

에딩턴이 예측한 별의 운명

에딩턴은 별 속에는 중심에서 밖으로 뻗치는 힘이 있고, 그

젊은 별

늙은 별

별이 무한정 열을 방출하지는 못하지요.

것이 열기란 사실을 알아내었지요. 에딩턴의 이 발견은 다음의 물음으로 자연스레 이어집니다.

별은 언제까지 열을 방출할 수 있을까?

그리고 이 의문은 결국, 별의 운명으로 이어지게 되지요. 사고 실험을 하겠습니다.

별에는 가스가 가득해요.

별을 이루는 가스의 대부분은 수소입니다.

사고 실험을 계속하겠습니다.

별에 수소가 가득하다면, 별이 내보내는 열기는
수소에서 기인할 거예요.
수소에서 열이 생기는 원리는 핵융합이 있어요.
핵융합은 수소와 수소가 합쳐져서 헬륨이 만들어지는 반응이에요.

에딩턴은 별이 쉴 없이 방출하는 열기가 핵융합 때문이란
사실을 최초로 밝힌 것입니다.
사고 실험을 이어 가겠습니다.

별은 수소를 태워서 빛과 열을 방출해요.
태우면 사라지게 돼 있어요.
석유와 석탄도 태우면 사라지잖아요.
수소도 마찬가지예요.
그러니 별 속의 수소도 언젠가는 고갈되고 말 거예요.
별 속의 수소가 줄면 열기도 감소할 거예요.
열기가 식으면 차가워져요.
그래요, 수소의 양이 감소하면서 별은 차가워지기 시작하는 거예요.
별이 차가워져서 열기가 점점 약해지면,

밖으로 뻗치는 힘도 약해질 거예요.

이렇게 되면 팽팽하게 맞서던 힘의 균형이 깨지는 거예요.

중력이 활기를 되찾게 되는 거예요.

별 속의 가스들은 중력에 이끌려 안으로 안으로 끌려들어 갈 거예요.

그러면서 오므라들 거예요.

그러고는 더는 쪼그라들지 않는 작은 별이 될 거예요.

중력에 의해 별이 안으로 끌려들어 가는 현상, 이것을 중력 수축이라고 합니다. 에딩턴은 별의 중력 수축 현상을 예견하였습니다.

에딩턴이 예측한 더는 쪼그라들지 않는 작은 별은 백색 왜

에딩턴이 예측한 별의 최종 단계는 백색 왜성이었습니다.

별의
최종 단계
백색 왜성

성입니다. 백색 왜성은 흰색을 띤 난쟁이별이란 뜻입니다.

백색 왜성은 지구만 하답니다.

별의 크기는 평균적으로 지구의 100만 배 이상입니다. 그만한 별이 중력 수축으로 지구만 하게 줄어든 겁니다. 그래서 백색 왜성의 밀도는 엄청나게 높답니다. 한 숟가락 정도의 질량이 자그마치 10여 t에 이르지요.

에딩턴의 자신감

한번은 에딩턴이 회견장에서 나오는데, 기자가 이렇게 물은 적이 있었습니다.

"상대성 이론을 이해하고 있는 사람은 세 사람밖에 없다고 하는데 그게 사실인가요."

그러자 에딩턴이 놀란 듯이 이렇게 되물었습니다.

"세 사람이라고요……? 대체 그 세 번째 사람이 누구지요?"

상대성 이론을 제대로 이해하고 있는 사람은 자신과 아인슈타인밖에 없다고 말한 것이지요.

이렇게 도도하다 싶을 만큼의 학문적 자신감, 이건 그냥 얻어지는 게 아니랍니다. 그만한 업적을 쌓은 과학자만이 한껏 누릴 수 있는 특혜이지요.

20세기 초반 천체 물리학계에서 에딩턴이 차지한 위상은 가히 하늘을 찌를 정도였습니다. 에딩턴이 내뱉은 한마디 한마디는 천체 물리학의 진리 그 자체나 마찬가지였지요. 에딩턴이 이룬 별에 관한 선구적인 업적은 실로 대단한 것이었습니다. 별은 물리적인 언어로 명쾌히 풀어낼 수 있는 장엄한 자연의 실체라는 걸 여실히 입증해 보였으니까요.

하늘에 별들 좀 봐. 정말 예쁘게 빛나고 있어!

정말 예쁘다! 그런데 선생님, 별은 왜 빛나는 걸까요?

별은 수소 가스로 가득 차 있는데, 이 수소를 태워서 빛과 열을 방출해요.

그렇군요.

가스는 흩날리기 쉬운 물질이라 형태가 없잖아요. 그런데 별은 어떻게 동그란 모양을 하고 있나요?

별에도 중력이 있어요

그건 지구처럼 별에도 중력이 있기 때문이죠. 그래서 가스가 도망가지 못하도록 붙잡아 공 모양을 유지하고 있는 거예요.

그럼 별이 일정한 크기를 유지하는 이유는 뭔가요?

별에는 중력만 있는 것이 아니라 중심에서 밖으로 뻗치는 힘인 열기가 있어요.

열기

중력

즉 중력과 별의 열기가 동등한 세기로 작용해서 별의 크기가 줄지 않고 그대로 유지되는 것이죠.

그렇다면 별 속의 수소 가스가 모두 타 버려서 고갈되면 어떻게 되나요?

별의 열기가 점점 약해지면 밖으로 뻗치는 힘도 약해지고, 별 속의 가스들은 중력에 이끌려 안으로 끌려들어 가서 더는 쪼그라들지 않는 작은 별이 됩니다.

그렇군요.

청년 별   중년 별   노년 별

더는 쪼그라들지 않는 작은 별을 백색 왜성이라고 해요. 이렇게 별이 빛나는 이유를 밝혀낸 사람이 바로 에딩턴이지요.

에딩턴이 대단한 발견을 했군요.

별의 최종 단계는 백색 왜성

7

찬드라세카르,
오펜하이머와 천체 물리학

별이 수축한다는 것을 생각해 본 적이 있나요?
찬드라세카르와 오펜하이머의 연구 이론을 알아봅시다.

일곱 번째 수업

찬드라세카르,
오펜하이머와
천체 물리학

교. 초등 과학 5-2   7. 태양의 가족
과. 중등 과학 1   7. 힘과 운동
연. 중등 과학 2   3. 지구와 별
계. 중등 과학 3   7. 태양계의 운동
     고등 물리 II   1. 운동과 에너지
     고등 지학 I   3. 신비한 우주
     고등 지학 II   4. 천체와 우주

라플라스가
찬드라세카르의 이야기로
일곱 번째 수업을 시작했다.

찬드라세카르의 기여

에딩턴은 백색 왜성을 별의 종말이라고 보았습니다. 1920
년대 말까지 이러한 생각에 이의를 다는 사람은 없었습니다.
그 무렵 에딩턴에게 도전한다는 건 감히 상상할 수도 없는 일
이었던 것입니다. 그런데 강력한 도전자가 나타났습니다.

찬드라세카르(Subrahmanyan Cnandrasekher, 1910~1995)
는 신학문을 배우기 위해서 영국으로 향하고 있던 중이었습
니다. 대학을 갓 졸업한 찬드라세카르는 인도 정부의 장학생

으로 선발되어 영국 케임브리지 대학원에서 별에 관해 깊이 있는 연구를 해 볼 생각이었습니다. 그는 에딩턴이 별에 대해서 집필한 저서를 이미 철저히 탐독한 상태였습니다.

찬드라세카르는 영국으로 가는 뱃길에서 자신이 이해한 지식을 별에 적용해 보았고, 영국에 도착하기 전에 그 결과를 얻었습니다. 그런데 결과가 이상했습니다. 모든 별이 다 백색 왜성의 단계에서 죽음을 맞이하는 건 아니라는 답이 나온 겁니다. 굉장히 무거운 별은 백색 왜성보다 더 많이 수축할 수 있었던 겁니다.

사고 실험을 하겠습니다.

별 속의 가스가 줄기 시작하면, 별 내부에서 팽팽히 맞서던

힘의 균형이 허물어져요.

중력이 더 세지는 거예요.

그러면 별이 수축을 시작하게 되어요.

수축한다는 건 틈이 좁아지는 거예요.

물질은 분자로 이루어져 있어요.

별을 구성하고 있는 가스도 예외는 아니에요.

중력을 받은 가스가 수축하여 분자와 분자 사이의 틈을 메워요.

그러나 여기가 끝이 아니에요.

가스 분자는 원자로 이루어져 있어요.

중력이 강해서 수축이 더욱 심해지면, 그 힘은 분자를 넘어서 원자

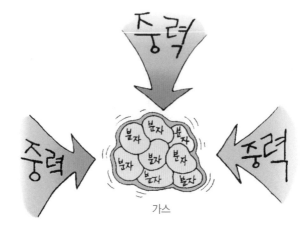

가스

사이의 틈을 메우는 단계로 접어드는 거예요.

원자는 전자와 원자핵으로 구성돼 있어요.

중력이 전자와 원자핵 사이의 거리를 자꾸 좁히고 있어요.

전자와 원자핵 사이의 거리가 점점 가까워져요.

이내 그들 입자가 매우 밀접하게 접근한 상태에 이르게 되어요.

그러나 일단 여기서 수축이 멈추어요.

전자와 전자가 서로 밀치는 힘 때문이에요.

같은 전하를 띤 입자는 서로 밀치는 힘이 있답니다. 그래서 전자와 전자가 맞닿았을 때 밀치는 힘이 생기고 수축이 더는 이루어지지 않는 것이지요. 다시 말해 중력이 전자와 전자의 밀치는 힘보다 약하기 때문에 수축이 멈추는 겁니다. 이것을

발견자의 이름을 따서 찬드라세카르의 한계라고 합니다.

찬드라세카르의 한계 : 전자끼리 밀치는 힘 앞에 굴복하여 중력 수
축이 멈추는 단계

찬드라세카르가 영국으로 향하던 배 안에서 구한 결과는
찬드라세카르의 한계가 반드시 성립하는 건 아니라는 것이
었습니다. 전자의 반발력까지가 별이 수축하는 마지막 과정
이 아니었던 겁니다. 중력이 강하면 그 이상의 수축이 가능
하다는 걸 보여 주었던 겁니다.

찬드라세카르는 이미 약관의 나이에 천체 물리학사에 영원
히 남을 빛나는 업적을 세운 것입니다. 찬드라세카르는 이

업적을 높이 인정받아서 1938년 노벨 물리학상을 수상했답니다.

오펜하이머의 기여

그러나 찬드라세카르의 이러한 업적은 곧바로 받아들여지지 않았습니다. 에딩턴이 강력하게 반대하고 나섰기 때문입니다.

"찬드라세카르의 예측은 허무맹랑한 것입니다. 잘못돼도 아주 단단히 잘못된 엉터리 계산일 뿐이지요."

에딩턴의 이러한 주장에 찬드라세카르의 편을 드는 사람은 거의 없다시피 했습니다. 천체 물리학계에서 그동안 쌓아올린 학문적 업적으로 보나 위상으로 보나 찬드라세카르는 도저히 에딩턴의 적수가 될 수 없었습니다. 에딩턴과 찬드라세카르의 논쟁은 에딩턴의 일방적 승리, 찬드라세카르의 무참한 패배로 끝이 났습니다. 하지만 그렇다고 해서 진리 자체가 그런 식으로 규정되는 것은 아니었습니다.

미국의 물리학자 오펜하이머(Julius Robert Oppenheimer, 1904~1967)는 찬드라세카르의 연구에 흥미를 느끼고 구체적인 검토에 들어갔습니다. 오펜하이머는 미국의 원자 폭탄 제조 계획인 맨해튼 프로젝트의 책임을 맡은 명망 있는 물리학자입니다.

오펜하이머는 태양보다 무거운 질량을 갖는 별에 대해서 계산해 보았습니다. 결과는 놀라웠습니다. 새로운 수축이 시작되는 것이었습니다. 전자의 반발력이 더는 무의미해진 것이었습니다. 찬드라세카르가 예측했던 대로 전자의 반발력은 중력이 뚫고 나갈 마지노선이 아니었던 겁니다. 별 내부의 전자가 어마어마한 중력 수축을 이기지 못하고 원자핵 속으로 쑥 밀려 들어가 양성자와 결합해 중성자로 변하는 것이었습니다.

전자 + 양성자 → 중성자

중성자
별

중성자가 합쳐져서
초고밀도의 별이 된 걸
중성자별이라고 합니다.

중성자 중성자

　이렇게 생긴 중성자가 원자핵 속에 이미 존재하고 있는 중
성자와 합쳐져서 초고밀도의 상태로 변해 버렸습니다. 이러
한 별을 온통 중성자로만 채워졌다고 해서 중성자별이라고
부릅니다. 중성자별은 그 밀도가 백색 왜성보다도 엄청나서
손톱만 한 크기가 무려 10억 t이나 나간답니다.

　그러나 별의 종착점은 여기가 끝이 아니었습니다. 오펜하
이머는 앞에서 계산한 별보다 더 무거운 별들은 어떻게 되는
가를 계산해 보았습니다. 이들은 태양보다 3.2배 이상 무거
운 별들이었습니다.

　오펜하이머는 그 결과에 경악을 금치 못했습니다. 별은 끝
없이 수축하는 것이었습니다. 별이 쪼그라지는 걸 막을 수

중력 붕괴의 끝에 생기는 별의 종착점이 블랙홀이지요.

있는 건 없었습니다.

　이 상황은 수축이라는 단어를 사용하는 것이 적절하지 못할 만큼 무너져 내리는 정도가 가히 상상을 초월했습니다. 이러한 과정을 중력 붕괴라고 합니다.

　중력 붕괴의 끝은 다름 아닌 블랙홀이랍니다. 오펜하이머는 이론적으로 블랙홀의 존재 가능성을 보란 듯이 예언한 것이지요.

　오펜하이머는 이 결과를 1939년 9월 1일 발표했습니다. 이날은 블랙홀의 이론적 근거가 완성된 천체 물리학사에 길이 빛나는 날이었답니다.

선생님, 모든 별은 에딩턴이 말한 대로 백색 왜성의 단계에서 죽음을 맞이하는 건가요?

그건 아니에요. 굉장히 무거운 별은 백색 왜성보다 더 많이 수축할 수 있어요.

그건 에딩턴이 틀렸다는 거잖아요?

그래요. 이러한 결과는 찬드라세카르가 얻은 것이지요. 그러나 처음에 에딩턴과 찬드라세카르의 논쟁은 에딩턴의 일방적 승리였어요.

백색 왜성이 별의 종말

별마다 다르다

에딩턴

찬드라 세카르

그런데 어떻게 찬드라세카르의 연구가 인정받은 건가요?

태양보다 무거운 별은 찬드라세카르가 예측했던 대로, 전자가 중력 수축을 이기지 못해 원자핵 속으로 들어가 중성자별이 된답니다.

중성자별

중성자가 합쳐져서 초고밀도의 별이 된 걸 중성자별이라고 합니다.

중성자 중성자

그러나 그게 끝이 아니었죠. 오펜하이머는 더 무거운 별들은 끝없이 수축하는 걸 알게 되었는데, 이러한 과정을 중력 붕괴라고 해요.

중력 붕괴요?

중력

분자

중력

중력

중력 붕괴의 끝은 다름 아닌 블랙홀이지요. 오펜하이머는 이론적으로 블랙홀의 존재 가능성을 보란 듯이 예언한 거예요.

그렇군요.

오펜하이머는 이 결과를 1939년 9월 1일 발표했어요. 이날은 블랙홀의 이론적 근거가 완성된 날로 천체 물리학사에 중요한 날이었죠.

그래서 블랙홀의 이론적 설명이 가능해진 거로군요.

중력 붕괴의 끝에 생기는 별의 종착점은 블랙홀

호킹과 천체 물리학

세계적인 물리학의 석학 호킹에 대해 알고 있나요?
호킹의 연구를 통해 블랙홀을 찾는 실마리에 대해 알아봅시다.

마지막 수업

호킹과 천체 물리학

교.   초등 과학 5-2   7. 태양의 가족
과.   중등 과학 2   3. 지구와 별
연.   중등 과학 3   7. 태양계의 운동
계.   고등 물리 II   1. 운동과 에너지
     고등 지학 I   3. 신비한 우주
     고등 지학 II   4. 천체와 우주

라플라스가 호킹을 소개하며
마지막 수업을 시작했다.

인간 호킹

천체 물리학을 이야기하면서 호킹(Stephen William Hawking, 1942~)을 빼놓을 수는 없지요. 그는 살아 있는 천체 물리학의 거두입니다.

1942년은 갈릴레이가 죽은 지 꼭 300년 되는 해입니다. 이 해에 호킹이 영국에서 태어났지요.

호킹의 아버지는 연구 전문의 겸 생물학자였습니다. 그래서 아들이 자신과 같은 분야를 공부해 줄 것을 은근히 기대했

갈릴레이 사망
300년 후

스티븐 호킹
출생

영국

던 것 같습니다. 그러나 호킹은 열네 살 무렵에 이미 자신의 전공 분야를 이론 물리학으로 결정해 버렸습니다.

호킹은 똑똑한 학생이었습니다. 하지만 우리가 그의 외모에서 상상하듯, 오로지 공부에만 열중하는 이른바 공부벌레로만 학창 시절을 보낸 것은 아니었습니다. 친구들과 어울리는 데 많은 시간을 투자했지요. 그런 그의 성향은 옥스퍼드 대학에 입학해서도 달라지지 않았습니다. 낮에는 요트 팀의 키잡이로, 밤에는 브리지 게임으로 종종 시간을 보내곤 하였지요.

호킹의 삶에 변화가 일기 시작한 건 그의 몸에 이상 징후가 나타나기 시작하면서부터였습니다. 옥스퍼드 대학을 졸업하고 케임브리지 대학에 들어갔을 때 이상 증상은 더욱 악화되었습니다. 몸을 가누기가 어려웠고 발음이 불분명해지더니 급기야 신발 끈 묶는 일조차 어려워졌습니다. 이제 겨우 20대 초반인데, 신경계가 퇴화하여 근육이 위축되는 루게릭병(근육위축성 측색 경화증, ALS)에 걸린 것이었습니다.

의사는 호킹이 길어야 2년 남짓밖에 살지 못할 거라고 했습니다. 그러나 기적이 일어났습니다. 병이 나은 것은 아니었지만 가슴 졸이는 2년이 지나도 호킹은 버젓이 살아 있었고 상태가 다소 호전되는 기미까지 보이는 것이었습니다.

또 한 번의 삶을 누릴 수 있는 행운을 거머쥔 셈이었습니다. 호킹은 이때부터 이론 물리학에 대한 열정을 불사르기 시작했습니다. 호킹은 천체 물리학계의 큰 별인 펜로즈 교수를 찾아갔습니다. 별과 에너지에 대해 탐구 중이던 펜로즈의

에너지가 고갈된 별은 손가락 하나 제대로 움직이지 못하는 내 처지와 너무도 흡사했지요.

연구 과제에 흠뻑 매료되었기 때문이었습니다.

훗날 호킹은 이렇게 말했습니다.

"에너지가 고갈된 별이라는 상황이, 손가락 하나 제대로 움직이지 못하는 내 처지와 너무도 흡사한 것 같았습니다."

이렇게 해서 호킹은 블랙홀의 연구에 매진하게 되었던 겁니다. 우주의 진리를 알고자 하는 호킹의 불타는 연구는 불굴의 투지를 불사르며 현재도 계속 진행 중이랍니다.

블랙홀 찾기

호킹과 블랙홀은 떼려야 뗄 수 없는 사이입니다. 바늘과 실의 관계라고 할까요.

상당히 무거운 별이 중력 붕괴를 하다가 종착점에 이르게 되면, 시공간에 무지막지한 뒤틀림 영역을 만들어 놓지요. 이 뒤틀림이 어찌나 심하던지 세상에서 가장 빠르다는 빛조차 빠져나오지 못한답니다. 이것이 블랙홀이 만든 중력장입니다. 천체 물리학자들은 지난 수십여 년 동안, 블랙홀을 찾아왔습니다. 그러나 그 작업은 그리 만만한 일이 아니었습니다.

호킹은 우주라는 망망대해의 공간에서 블랙홀을 찾아내는

어려움을 이렇게 토로한 바가 있습니다.

"대형 지하 석탄 창고에서 검은 고양이 새끼 한 마리를 찾아내는 것과 다름없는 일이지요."

블랙홀 찾기가 이렇게 어려운 이유는 무엇보다 보이지 않기 때문입니다. 눈에 보이지 않는 것을 찾으려니 힘든 건 당연하지요. 그럼 블랙홀 찾는 걸 포기해야 하는 걸까요? 그건 아닙니다. 찾을 수 있는 방법이 있지요. 그것이 무엇인지 알아보도록 하죠.

블랙홀은 보이지가 않아서 '이거다!' 하고 딱 짚어서 발견할 수는 없습니다. 여러 정황 증거들을 한꺼번에 고려하여 실마리를 찾아내야 합니다.

하나 : 감마선이 나오면 그곳에 블랙홀이 존재할 가능성이 높다.

블랙홀은 주변에 있는 천체들을 인정사정없이 끌어당기면서 압축합니다. 그 압축이 상상을 초월하는 수준이어서 감마선을 방출하는 온도까지 이르게 된답니다. 그래서 감마선을 포착하면, 블랙홀이 존재할 가능성이 있다고 보는 것입니다.

둘 : 혼자서 공전하는 별 근처에는 블랙홀이 존재할 가능성이 높다.

별은 혼자서 공전할 수가 없지요. 공전이란 쌍방이 주고받는 인력으로 생기는 현상이지요. 그런데 우주를 관찰하다 보

면, 주위에는 아무것도 없는데 별이 혼자서 빙글빙글 공전하는 경우가 더러 있습니다. 이건 그 별 가까이에 블랙홀이 숨어 있을 가능성이 있다는 뜻입니다.

　셋 : 별의 질량을 구해서 찬드라세카르의 한계를 넘는 수준이면 블랙홀일 가능성은 점점 높아진다.

　두 번째 방법에서 발견한 별을 통해, 보이지 않는 천체의 질량을 계산할 수가 있습니다. 별까지의 거리와 속도 그리고 움직임 등으로 보이지 않는 천체의 질량을 추정해 낼 수가 있는 것입니다. 이렇게 해서 구한 천체의 질량이 상당히 무겁게 나오면, 블랙홀로 의심해 볼 수가 있답니다.

넷 : 중력파가 나오면 블랙홀일 가능성이 상당히 높다.

별이 중력 붕괴하고 블랙홀이 만들어질 때, 중력파가 생긴답니다. 중력파는 시공간을 통해서 퍼져 나가지요. 그러나 어려운 점은 그 세기가 너무도 미약해서 검출하기가 여간 곤란하지 않다는 겁니다. 그래서 중력파를 확인하면 블랙홀이 시공간을 뒤틀고 있다는 직접적인 증거가 되는 것이랍니다.

다섯 : 이러한 모든 관측 자료를 총괄적으로 검토하고 심사숙고해서 미지의 천체가 블랙홀인지 아닌지의 여부를 최종적으로 가린다.

이제 헤어져야 할 시간이 것 같군요. 하지만 천체 물리학에서 빼놓아선 안 될 사람의 이야기를 마지막으로 하죠.

대단하신 분인가 봐요?

네, 바로 호킹이죠. 루게릭병에 걸려 꼼짝도 할 수 없지만, 천체 물리학에서 많은 업적을 남겼답니다. 특히 블랙홀 연구에 몰두하였고 지금도 연구 중이랍니다.

블랙홀이요? 자세히 알려 주세요.

그럼 블랙홀에 관해 이야기를 잠깐 해 보죠. 블랙홀은 어떻게 찾을 수 있을까요?

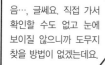

음…, 글쎄요. 직접 가서 확인할 수도 없고 눈에 보이질 않으니까 도무지 찾을 방법이 없겠는데요.

맞아요. 하지만 방법은 있어요. 블랙홀은 보이지가 않아서 '이거다'라고 딱 짚어서 말할 수는 없지만 여러 증거들을 한꺼번에 고려하여 실마리를 찾아내면 가능하죠.

그 정황들이란 이런 것이죠.

하나, 감마선이 나오면 그곳에 블랙홀이 존재할 가능성이 높다.
둘, 혼자 공전하는 별 근처에도 마찬가지다.
셋, 별의 질량을 구해서 찬드라세카르의 한계를 넘는 수준이면 가능성은 점점 높아진다.
넷, 마지막으로, 중력파가 나오면 블랙홀일 가능성이 낭낭히 높다.

이러한 모든 관측 자료를 총괄적으로 검토하고 심사숙고해서 미지의 천체가 블랙홀인지 아닌지의 여부를 최종적으로 가리게 되는 것입니다.

와, 그래도 역시 어렵겠네요.

저건 블랙홀이 확실해.

이론 천체 물리학자이자 수학
자인 라플라스는 프랑스 노르망
디의 보몽탕노 주에서 태어났습
니다.

일찍이 재능이 뛰어났던 그는
1765년 육군 학교 위탁 학생으로

있을 때부터 수학 분야에서 실력을 나타냈습니다. 1767년
파리에서 물리학자이자 수학자, 철학자인 달랑베르의 인정
을 받았으며, 그 후 에콜 노르말과 에콜 폴리테크니크 교수
로서 행렬론·확률론·해석학 등을 연구하였습니다.

1773년에는 수리론을 태양계의 천체 운동에 적용하여 태
양계의 안정성을 발표하였습니다. 1784년에 에콜 노르말의
교수를 지냈으며, 1799년에는 내무부 장관으로 발탁되었고,

1806년 프랑스 제1제정 때는 백작, 부르봉 왕가의 왕정복고 이후에는 후작이 되었습니다.

라플라스는 해박한 수학 지식을 천체 역학에 적용하여 여러 천문 현상을 밝혀내었습니다. 달의 운동, 목성과 토성의 섭동 현상, 목성 위성의 불규칙 운동 설명, 토성 고리의 설명, 세차 운동의 계산, 혜성의 운동, 행성과 위성의 질량 계산, 블랙홀의 예측 등등 라플라스가 이룬 업적은 열거하기가 어려울 정도지요. 라플라스의 수학적 능력은 타의 추종을 불허할 정도였다고 합니다.

라플라스가 1799년에 집필하기 시작하여 1825년에 완성한 저서 《천체 역학》은 천체 물리학의 고전으로 평가받는 작품으로, 뉴턴의 《프린키피아》와 맞먹는 명저로 간주됩니다.

이외에 수학의 확률론과 미분 방정식을 깊이 있게 연구했고, 이론 물리학에도 적잖은 기여를 함으로써 가장 위대한 이론 과학자의 한 사람으로 평가받고 있습니다.

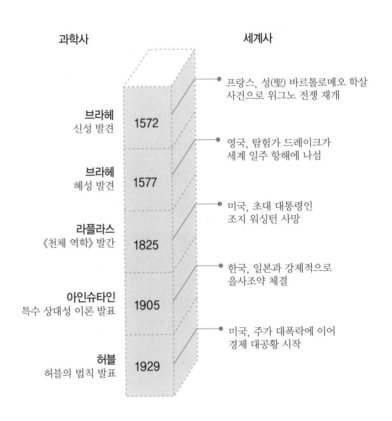

과 학 연 대 표
언제, 무슨 일이?

과학사		세계사

브라헤
신성 발견 — **1572** — 프랑스, 성(聖) 바르톨로메오 학살
사건으로 위그노 전쟁 재개

브라헤
혜성 발견 — **1577** — 영국, 탐험가 드레이크가
세계 일주 항해에 나섬

라플라스
《천체 역학》발간 — **1825** — 미국, 초대 대통령인
조지 워싱턴 사망

아인슈타인
특수 상대성 이론 발표 — **1905** — 한국, 일본과 강제적으로
을사조약 체결

허블
허블의 법칙 발표 — **1929** — 미국, 주가 대폭락에 이어
경제 대공황 시작

체 크 ， 핵 심 내 용
이 책의 핵심은?

1. 태양이 이동하는 하늘 길은 ☐☐ 입니다.
2. 케플러가 밝혀낸 케플러의 제1법칙은 행성은 ☐☐ 을 중심으로 하는
   타원 궤도를 돈다는 것입니다.
3. 아인슈타인이 일반 상대성 이론을 완성하는 데는 ☐☐☐☐☐ 기
   하학이 큰 난관이었습니다.
4. 별 내부에선 ☐☐ 이 당기는 힘과 열기가 밀치는 힘이 같게 작용하고
   있습니다.
5. 에딩턴은 별의 열기가 ☐☐☐ 반응 때문이란 사실을 최초로 밝혔습
   니다.
6. 중력에 의해 안으로 끌려들어 가는 현상은 ☐☐ ☐☐ 입니다.
7. ☐☐ ☐☐ 은 흰색을 띤 난쟁이별이란 뜻입니다.
8. 중성자로 채워진 별을 ☐☐☐☐☐ 이라고 합니다.

1. 황도 2. 태양 3. 리만줄리드 4. 중력 5. 핵융합 6. 중력 수축 7. 백색 왜성 8. 중성자별

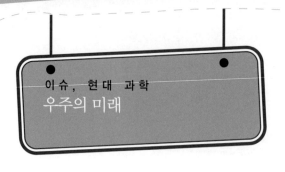

우리는 10년 후, 20년 후, 30년 후의 모습이 어떻게 될지 정확히 예측하지 못합니다. 그러나 세세하게는 아닐지라도 어떤 미래가 펼쳐질지는 나름대로 가능성을 그려 볼 수는 있습니다.

우주도 다르지 않습니다. 우주의 미래를 정확히 판단하기는 어렵지만, 그 미래상은 미루어 짐작해 볼 수가 있지요.

우주는 계속 커지고 있습니다. 계속 팽창하고 있지요. 그렇다면 우주는 이러한 팽창을 계속 이어 나갈까요? 아니면 팽창을 그만할까요? 그도 아니면 수축해서 빅뱅 이전의 모습으로 되돌아갈까요?

우리의 우주가 지금 이 순간에도 계속 커지고 있는 것은 팽창하는 힘이 강하기 때문입니다. 밖으로 뻗어 나가려는 힘이 안으로 끌어당기는 힘보다 세기 때문이지요. 밖으로 뻗어 나가려는 힘이 강하면 우주는 한없는 팽창을 계속 이어 가는데, 이런 우주를 열린 우주라고 합니다.

그러나 어느 순간 밖으로 뻗어 나가려는 힘보다 안으로 끌어당기는 힘이 커지게 되면, 우주는 그동안의 팽창을 멈추고 수축을 시작해서 빅뱅 시작 단계인 원래의 한 점으로 되돌아가지요. 이런 우주를 닫힌 우주라고 합니다.

그리고 밖으로 뻗어 나가려는 힘이 약해지다가 안으로 쪼그라들려는 힘과 같아지면 팽창을 멈추고 우주는 그 상태의 크기를 계속 유지하게 됩니다. 이런 우주를 편평한 우주라고 부르지요.

우리 우주의 운명은 이 세 시나리오 중 하나가 될 것입니다. 열린 우주가 될지, 편평한 우주가 될지, 닫힌 우주가 될지는 밖으로 뻗어 나가려는 힘을 제어할 수 있는 힘이 얼마나 되느냐에 달려 있습니다. 그것은 안으로 쪼그라들게 하는 힘, 즉 중력입니다.

중력은 물질의 양에 비례합니다. 물질이 많을수록 강해지고 적을수록 약해지지요. 그래서 우주에 얼마만큼의 물질이 있는지를 알면 우주의 미래를 예측할 수가 있답니다. 그러나 우리는 아직 그 답을 알지 못합니다.

찾아보기

어디에 어떤 내용이?

ㄱ

가속도의 법칙 49

갈릴레이 46

관성의 법칙 49

광자 82

그로스만 75, 92

ㄴ

뉴턴 43, 46, 58

ㅁ

메소포타미아 26

면적 속도 일정의 법칙 52

ㅂ

반사 망원경 48

백색 왜성 120, 127

별 111

본디-호일 이론(정상 우주론) 79

브라헤 37, 43

브란스-디케 이론(스칼라-텐서 이론) 79

블랙홀 65, 79, 142

비유클리드 기하학 92

빛의 입자성 81

ㅅ

사고 실험 63

신성 38

ㅇ

아리스토텔레스 40

아인슈타인 69, 111

에딩턴 90, 111, 127

오펜하이머 131

유클리드 기하학 91

일반 상대성 이론 69, 77

ㅈ

작용 반작용의 법칙 49

점성술 32

조화의 법칙 52

중력 83

중력 붕괴 134

중력 수축 119

중력 이론 58

중력장 142

중성자별 133

ㅊ

찬드라세카르의 한계 145

천문학 11, 25, 37

천체 25

천체 물리학 11, 37, 69

ㅋ

카시오페이아자리 38

케플러 43, 50

ㅌ

타원 궤도의 법칙 52

탈출 속도 63

태양계 46

특수 상대성 이론 69

ㅎ

핵융합 118

행성 운동 법칙 51

허블 99

혜성 38

호킹 139

황도 29

황도 12궁 29

휴메이슨 101